U0308924

《国学经典藏书》丛书编委会

顾　问

　　许嘉璐

主　编

　　陈　虎

编委会成员

国学经典藏书

茶 经

余 康 译注

吉林大学出版社

长 春

图书在版编目（CIP）数据

茶经 / 余康译注 . -- 长春：吉林大学出版社，
2021.8
（国学经典藏书）
ISBN 978-7-5692-8721-9

Ⅰ . ①茶… Ⅱ . ①余… Ⅲ . ①茶 – 文化 – 中国 – 古代
②《茶经》– 译文③《茶经》– 注释 Ⅳ . ① TS971.21

中国版本图书馆 CIP 数据核字（2021）第 175422 号

国学经典藏书：茶经
GUOXUE JINGDIAN CANGSHU: CHA JING

作　　者：余　康 译注
策划编辑：魏丹丹
责任编辑：蔡玉奎
责任校对：高珊珊
装帧设计：蒋宏工作室
开　　本：880mm×1230mm　1/32
字　　数：145 千字
印　　张：7
版　　次：2021 年 8 月第 1 版
印　　次：2023 年 7 月第 2 次印刷

出版发行：吉林大学出版社
地　　址：长春市人民大街 4059 号（130021）
　　　　　0431–89580028/29/21
　　　　　http://www.jlup.com.cn
　　　　　E-mail:jdcbs@jlu.edu.cn
印　　刷：河北松源印刷有限公司

ISBN 978-7-5692-8721-9　　　　　定价：32.00 元

编者的话

经典是人类知识体系的根基，是人类的精神家园，是我们走向未来的起点。莎士比亚说过："生活里没有书籍，就好像没有阳光；智慧里没有书籍，就好像鸟儿没有翅膀。"21 世纪中国国民的阅读生活中最迫切的事情是什么？我们的回答是阅读经典！

中国有数千年一脉相传、光辉灿烂的文化，并长期处于世界文化发展的前列，尤其是在近代以前，曾长期引领亚洲乃至世界文化的发展方向。长期超稳定的社会发展形态和以小农生产为基础的、悠闲的宗法农业社会，塑造了中华民族注重实际、过分地偏重经验、重视历史的文化心理特征。从殷商时代的"古训是式"（《诗经·大雅·烝民》），到孔子的"述而不作，信而好古"（《论语·述而》），可以清楚地看出这种文化心理不断强化的轨迹。于是，历史就被赋予了神圣的光环，它既是人们获得知识的源泉，也是人们价值标准的出处。它不再是僵死的、过去的东西，而是生动活泼、富有生命力，并对现世仍有巨大指导作用的事实。因而就形成了这样一种固定的文化思维方式，也就是"以铜为鉴，可正衣冠；以古为鉴，可知兴替；以人为鉴，可明得失"（《新唐书·魏徵传》）。中国的文化人世代相承，均从历史中寻求真理，寻求"修身、齐家、治国、平天下"的崇高理想模式。

这种对于历史所怀有的深沉强烈的认同感，正是历史典籍赖以发展、繁荣的文化心理基础。历史上最初给历史典籍的研究和整理工作涂上政治、道德和伦理色彩的是春秋时期的孔子。当时的孔子因感"周室微而礼乐废、《诗》《书》缺"，于是乃删订了《诗》《书》《礼》《乐》《易》《春秋》等"六经"（见《史记·孔子世家》），寄托了自己在政治上"复礼"和道德上"归仁"的最高理想。孔子以后，历史典籍的编撰无不遵循着这一最高原则。所以《隋书·经籍志》总序中就说："夫经籍也者，机神之妙旨，圣哲之能事。所以经天地，纬阴阳，正纲纪，弘道德，显仁足以利物，藏用足以独善……其王者之所以树风声，流显号，美教化，移风俗，何莫由乎斯道？……其教有适，其用无穷，实仁义之陶钧，诚道德之橐籥也。……夫仁义礼智，所以治国也；方技数术，所以治身也。诸子为经籍之鼓吹，文章乃政化之黼黻，皆为治国之具也。"（《隋书·经籍志一》）由此可见，历史典籍的编撰整理工作，已不仅仅是文化技术问题，更重要的是它还负有"正纲纪，弘道德"的政治和道德使命。于是，在两千多年的历史发展过程中，先人们为我们留下了汗牛充栋的文化典籍。这些宝贵的精神财富，不仅是我们中华民族的骄傲，也是全人类的骄傲，并已成为世界文化宝藏的重要组成部分。

中国的先哲们一向对古代典籍充满崇敬之情，他们认为，先王之道、历史经验、人伦道德以及治国安邦之术、读书治学之法等等，都蕴藏于典籍之中。文献典籍是先王之道、历史经验、人伦道德等赖以传递后世的重要手段。离开书籍，后人将无法从前朝吸取历史经验，无法传承先王之道。在日新月异的当代，如何对待这份优秀的文化遗产？毛泽东同志早就指出："中国的长期封建社会中，创造了灿烂的古代文化。清理古代文化的发展过程，剔除其封建性的糟粕，吸取其民主性的精华，是发展民族新文化、提高民族自信心的必要条件。……中国现时的新文化也是从古代的旧文化发展而来，因此，我们必须尊重自己的历史，决不能割断历史。但是，这种尊重是给历史以一定的科学地位，是尊重历史的辩证法的发展，而不是颂古非今。"（毛泽东《新民主主义论》）古代典籍，不仅对中华民族的形成与发展历史地发挥了巨大的凝聚力作用，而且在当今中华民族伟大复兴中，依然会发挥无可替代的重要作用。

在科学技术迅猛发展的当代社会，人们的生活、观念正在发生着巨大而深刻的变革，面对蓬勃发展的现代科技和汹涌而至的各种思潮，人们依然能深切地感受到中国传统文化无所不在的巨大力量。人们渴望了解这种无形的力量源泉，于是绚丽多姿的中华典籍就成了人们首要的选择。它能够使我们在精神上成为坚强、忠诚和有理智的人，成为能够真正爱人类、尊重人类劳动、衷心地欣赏人类的伟大劳动所产生的美好果实的人。所以，在今天，我们要阅读经典；当数字化、网络化带来的"信息爆炸"占领人们的头脑、占用人们的时间时，我们要阅读经典；当中华民族迈向和平崛起和民族复兴的伟大征程时，我们更要阅读经典。因此，读经典，这个我们习以为常的平凡过程，实际上就成了人的心灵和上下古今一切民族的伟大智慧相结合的过程。但由于时代的变迁，这些经典对现代人来说已是谜一样的存在。为继承这份优秀的文化遗产，帮助人们更好地利用这些经典，在全国学术界诸多专家学者的支持下，我们策划了这套"国学经典藏书"丛书。

丛书以弘扬传统、推陈出新、汇聚英华为宗旨，以具有中等以上文化程度的广大读者为对象，从我国古代经、史、子、集四部典籍中精选 50 种,以全注全译或节选的形式结集出版。在书目的选择上,重点选取我国古代哲学、历史、地理、文学、科技、教育、生活等领域历经岁月洗礼、汇聚人类最重要的精神创造和知识积累的不朽之作。既注重选取历史上脍炙人口、深入人心的经典名著,又注重其适应现代社会的人文价值趋向。丛书不仅精校原文,而且从前言、题解,到注释、译文,均在吸收历代学者研究成果的基础上精心编撰。在注重学术性标准的基础上,尽量做到通俗易懂。我们相信,本丛书的出版,对提高人们的古代典籍认知水平,阅读和利用中华传统经典,传播中华优秀文化,提高人们的民族自信心和文化自豪感,进而为中华民族伟大复兴做贡献,均将起到应有的作用。高尔基说:"书籍是人类进步的阶梯。""要热爱读书,它会使你的生活轻松,它会友爱地帮助你了解纷繁复杂的思想、感情和事件;它会教导你尊重别人和你自己;它以热爱世界、热爱人类的情感,来鼓舞智慧和心灵。""当书本给我讲到闻所未闻、见所未见的人物、感情、思想和态度时,似乎是每一本书都在我面前打开一扇窗户,并让我看到一个不可思议的新世界。""每一本书是一级小阶梯,我每爬一级,就……更接近美好生活的观念,更热爱这书"(《高尔基论青年》,中国青年出版社 1956 年版)。流传千年的文化经典,让我们受益匪浅,使我们懂得更多。正如德国著名作家歌德所说:"读一本好书,就是和一位品德高尚的人谈话。"的确,读一本好书,就像是结交了一位良师益友。我们真诚希望,这套经典丛书能够真正进入您的生活,成为人人应读、必读和常读的名著。

陈　虎

庚子岁孟秋

前　言

　　陆羽《茶经》是世界第一部系统、全面地阐述茶以及与茶相关的专著,在茶史上起着引领推动作用,为茶业的发展和茶文化的普及做出了巨大的贡献。对陆羽其人的生平事迹,很多人不太熟悉;对其《茶经》成书于何时,学界众说纷纭,没有确论;对其《茶经》的版本,我们需要全面地总结;对其《茶经》的价值,我们仍需深入研究;对其《茶经》的译注,学人缺少详细的梳理。在前人探讨的基础上,我们对上述问题略陈管见。

一、《茶经》的作者

　　陆羽大约生于 733 年,卒于 804 年,字鸿渐,又字季疵,名疾,在吴兴(今浙江湖州市)号竟陵子,在信州(今江西上饶市)号东冈子,在南越(今岭南地区)号桑苎翁,在广州(今广东广州市)又号东园先生,唐代复州竟陵(今湖北天门市)人。是著名的茶学家、文学家、史学家。后人为了纪念陆羽在茶业上的卓越贡献,被尊为"茶圣",誉为"茶仙",祀为"茶神"。唐李肇《唐国史补》卷下记载:"江南有驿吏,以干事自任。典郡者初至,吏白曰:'驿中已理,请一阅之。'刺史乃往,初见一室,署云'酒库',

诸酝毕熟，其外画一神。刺史问:'何也?'答曰:'杜康。'……又一室，署云:'茶库'，诸茗毕贮，复有一神。问曰:'何?'曰:'陆鸿渐也。'"陆羽一生淡泊名利，嗜好茶，并精于茶道，以著《茶经》而闻名于世。根据陆羽《陆文学自传》、唐李肇《唐国史补》、唐赵璘《因话录》、宋李昉等《太平广记·陆鸿渐》、宋宋祁等《新唐书·隐逸列传·陆羽传》、宋计有功《唐诗纪事·陆鸿渐》、元辛文房《唐才子传·陆羽》、元释念常《佛祖通载》等文献，我们可以了解其大致的生平事迹。

陆羽是一个孤儿，在三岁的时候失去兄弟，被竟陵龙盖寺(今西塔寺)智积和尚在河堤上发现并收养于寺庙之中。智积和尚俗姓陆，陆羽可能亦跟随其俗姓。不过陆羽长大以后，又用《周易》为自己算卦，得"蹇"之"渐"卦:"鸿渐于陆，其羽可用为仪。"他根据《周易》卜占，又定其姓为陆，命其名为羽，称其字为鸿渐。

智积和尚希望陆羽学习佛典，"示以佛书出世之业"，引导他一心向佛，成为佛教大德。可陆羽虽然聪明好学，喜好思辨，性格又诙谐，但终归佛缘浅薄，竟然回答智积和尚说:"终鲜兄弟，无复后嗣，染衣削发，号为释氏，使儒者闻之，得称为孝乎?(陆)羽将校孔圣之文可乎?"他小小年纪，就会运用儒家孝道观念来反对智积和尚的"出世之业"。

佛教自从传入中国之后，很早就爆发了较大的冲突，对孝道的认识就是其中之一。经过反复争论之后，一些佛教人士转而积极利用孝道中的报恩思想。智积和尚也是如此，以慈悲为怀，不仅没有反对陆羽秉持的孝道观念，还称赞其说："善哉！子为孝。"不过，智积和尚并没有因为陆羽反对的话就放弃其主张，接着又说，"殊不知西方染削之道，其名大矣！"此后很长时间龙盖寺都上演着智积和尚与陆羽关于孝道的辩论，然智积和尚并没有说服陆羽，而陆羽也没有屈从智积和尚的教化。

在唐朝前期，禅宗从大别山地区传布到大江南北，竟陵龙盖寺此时当属禅宗道场，而禅宗秉承自给自足的修行理念，又主张在日常生活中修佛。这时陆羽已经九岁了，能够劳作了，智积和尚就让他做一些寺院的功课，从日常生活中引导陆羽去修佛，让他去打扫寺院、清洁僧人厕所、和泥抹墙、背瓦建屋、放三十头牛等。陆羽在所撰《陆文学自传》里，认为智积和尚让他做的这些为"贱务"，不少人据此认为智积和尚在惩罚他。如北宋宋祁等《新唐书·隐逸列传·陆羽传》记载："师（智积）怒，使执粪除圬塓以苦之，又使牧牛三十。"这一观点严格来讲并不符合当时禅宗的修行实况。

陆羽勤奋好学，在放牧的时候，用竹子在牛背上练习写字，在做完寺院的功课之余，还从他人学习识字，曾经获得过张衡《南都赋》，他以此效仿"青衿小儿，危坐展卷，口动而已"。疑他模仿的并非是"青衿小儿"，而是寺院和尚念经的姿态。智积和尚在获悉陆羽这样做以后，担心他有损寺院的威严，以他"渐渍外典，去道日旷"为借口，把他拘束在寺院里，让他做芟除杂草的工作，并把他委托给看门的大伯看管。

陆羽自从被约束在寺院以后，仍然勤奋好学，但他心情不好,有时没有去劳作,被看门的大伯鞭打;又因感叹岁月的流逝、学业的荒废,时常悲泣,被看门的大伯抽打其背,直到棍子断了才停止。逐渐地,陆羽厌倦了这样的生活,逃出了寺院,投奔了当地的戏班,做了一个伶人,演木人、假吏、藏珠之类的戏。有一天智积和尚又追赶过来对他说:"念尔道丧,惜哉!吾本师有言:我弟子十二时中,许一时外学,令降伏外道也。以吾门人众多,今从尔所欲,可捐乐工书。"智积和尚并没有责备陆羽,只是惋惜他没能修佛,仍把他当作弟子看待。故陆羽在智积和尚圆寂之后,感怀他,作诗歌说:"不羡白玉盏,不羡黄金罍。亦不羡朝入省,亦不羡暮入台。千羡万羡西江水,曾向竟陵城下来。"

唐玄宗天宝五载(746),河南尹李齐物在一次州人聚饮中,观看了陆羽演的戏,很惊异他的才能,十分欣赏他,当即赠以诗集。后来,李齐物还推荐陆羽受教于火门山邹夫子门下,让他获得系统的教育。天宝十一载(752),礼部郎中崔国辅被贬黜至竟陵郡,和陆羽相识,也十分欣赏他,与他交游三年时间。两人经常在一起游玩,并品鉴煮茶的水。天宝十三载,陆羽为考察茶事离开竟陵,崔国辅还赠送他好多贵重的礼物。陆羽因李齐物、崔国辅等人的举荐而名声大噪。天宝十四载,安禄山在范阳起兵叛乱,先后攻陷洛阳、长安等地,北方人民纷纷南下。

大约在唐肃宗至德元年(756),陆羽也跟随北方人民南下,又结交无锡尉皇甫冉、诗僧皎然等,与皎然在妙喜寺吟诗品茶。唐肃宗上元元年(760),陆羽隐居于湖州的苕溪,闭门校书,并与高僧名士一起宴饮,也就是在这一年,他被任命为太子文学。

上元二年陆羽作了自己的传记。

唐代宗广德二年(764),陆羽铸造了自己的风炉;唐代宗大历初年,他在常州义兴县(今江苏宜兴市)考察茶事、寻找名泉,曾建议常州刺史李栖筠上贡阳羡茶。之后,还写信给杨祭酒(杨绾)说:"顾渚山中紫笋茶两片,此物但恨帝未得赏,实所叹息。一片上太夫人,一片充昆弟同啜。"大历八年(773),颜真卿为湖州刺史,邀请陆羽参与编撰《韵海镜源》,此年颜真卿在湖州乌程县杼山妙喜寺建新亭,作有《题茅山癸亭得幕字》,陆羽命其名为"三癸亭",皎然作有《奉和颜使君真卿与陆处士羽登妙喜寺三癸亭》。大历九年,陆羽参与编撰的《韵海镜源》修成。大历十年,陆羽在湖州修建青塘别业,李萼、皎然等人来祝贺,皎然作有《同李侍御萼李判官集陆处士羽新宅》。此外,陆羽与颜真卿、皎然等人,还作有一些联句,如《登岘山观李左相石尊联句》《又溪馆听蝉联句》《水堂送诸文士戏赠潘丞联句》《三言喜皇甫曾侍御见过南楼玩月》《七言醉语联句》《七言重联句》《远意联句》《暗思联句》《乐意联句》《月夜啜茶联句》《恨意联句》《秋日卢郎中使君幼平泛舟联句》《水亭咏风联句》《重联句一首》等。

唐德宗建中三年(782),陆羽定居信州。唐德宗贞元二年(786),陆羽居住于玉芝观。贞元五年,他应广州刺史、岭南节度使李复的邀请,前往广州。大约贞元二十年,陆羽去世。著述有《谑谈》三篇、《四悲诗》《天之未明赋》及《君臣契》三卷、《源解》三十卷、《江表四姓谱》八卷、《南北人物志》十卷、《吴兴历官记》三卷、《湖州刺史记》一卷、《茶经》三卷、《占》三卷等。

二、《茶经》的版本

陆羽《茶经》自从问世以来，其版本主要有唐代的抄本和宋代及其以后的刻本。在宋代的刻本之中，左圭编《百川学海》收录《茶经》本影响最大，其次为元陶宗仪《说郛》收录的《茶经》本。

（一）唐至北宋时期《茶经》的版本演变

现存文献最早论及陆羽《茶经》的是陆羽自己。他在《陆文学自传》里明确记载其著有《茶经》三卷，不过这三卷是否与左圭编《百川学海》收录《茶经》（以下简称今本《茶经》）内容一致，还未可知。之后，唐代的封演在《封氏闻见记》里提到陆羽撰有《茶论》《毁茶论》，他所说《茶论》《毁茶论》与今本《茶经》内容有何关系，也未可知。唐代的皮日休在《〈茶中杂咏〉序》里，认为陆羽《茶经》共三卷，还指出陆羽《顾渚山记》记载有茶事：分其源，制其具，教其造，设其器，命其煮，俾饮之。他所言次第和今本《茶经》前六章标目类同。从这些零星的记述中，我们可以推测陆羽《茶经》唐代抄本流传的概况：一、今本《茶经》内容多于唐代部分《茶经》的版本；二、今本《茶经》部分篇章内容可能源自陆羽《茶论》《毁茶论》《顾渚山记》；三、从唐中期至晚期，《茶经》内容在不断增多。

唐末五代时期，陆羽《茶经》的版本情况不明，此时有毛文锡模仿陆羽《茶经》，作《茶谱》。然《茶谱》已经亡佚。

北宋时期，陈师道提到陆羽《茶经》有家藏一卷本、毕氏三卷本、王氏三卷本、张氏四卷本，他又比勘这四个版本，汇成《茶经》二篇，这又出现第五个《茶经》版本。据此可知，北宋以来，《茶经》就有各种不同的版本。

（二）南宋以来《茶经》的版本概况

南宋时期，左圭主编《百川学海》收录《茶经》，这是现存最早的《茶经》版本，几乎为后世所有《茶经》版本的祖本。现存《茶经》版本系统主要有两个：一是带有注的《百川学海》本系列；二是无注的《说郛》本系列。

《百川学海》本《茶经》流传至今。明弘治十四年（1501）华理刊刻《百川学海》本《茶经》，明嘉靖十五年（1536）郑氏文宗堂刊刻《百川学海》本《茶经》，清张氏照旷阁《学津讨原》收录了校刊过的《百川学海》本《茶经》，民国十一年（1922）上海商务印书馆又据张氏照旷阁《学津讨原》本《茶经》影印，民国十六年（1927）陶氏涉园景印《百川学海》本《茶经》，《百川学海》本《茶经》现存有中国国家图书馆馆藏本。此外，《百川学海》本《茶经》还影响一些单行本《茶经》。明嘉靖二十二年（1543）柯双华刊刻单行本《茶经》，该本《茶经》是抄录《百川学海》本的，是现存最早的单行本，又称为竟陵本。竟陵本《茶经》又影响了明代众多版本的《茶经》，如明万历十六年（1588）程福生等刻印的《茶经》。

元陶宗仪《说郛》，乃选辑元以前的笔记、小说、史志、诸子等汇编而成。元代刊行过，不过原本已经亡佚，现存有原北平图书馆藏约隆庆、万历间残本，江安傅氏双鉴楼藏明抄本三种（弘农杨氏本、弘治十八年抄本、吴宽丛书堂抄本），涵芬楼藏明抄残本及瑞安孙氏玉海楼藏明残抄本,清顺治三年(1646)宛委山堂刻本。

此外,陆羽《茶经》有增定本。有些人在《百川学海》本《茶经》基础上又增加部分篇章。明万历十六年(1588)孙大绶刊刻《茶经》,他在《茶经·四之器》全文之后增入《茶具图赞》。明汪士贤、郑熜等刻本深受孙大绶刊刻《茶经》的影响,亦增入《茶具图赞》。陆羽《茶经》还有删节本、删改本。有些人刊刻陆羽《茶经》,割裂删节原文,如王圻《稗史汇编》本;有些人刊刻陆羽《茶经》,删改字句,如《四库全书》收录《茶经》。清末常乐刊刻《陆子茶经》,书后附刻史料多达二十三种,在《茶经》版本当中,历代无出其右。日本较早从中国传入《茶经》,在 12 世纪中期,日本僧人荣西即将《茶经》手抄本带回了日本,故日本现存一些版本值得重视,如日本宝历刻本等。

三、今本《茶经》的成书

今本《茶经》分上、中、下三卷,共十章,总结了唐代初期及以前的种茶、采茶、制茶等技术与经验,论述了煮茶、饮茶等方法,收集了历代与茶相关的文献,涵盖了茶的方方面面,无怪乎吴觉农先生说:"我把古代一些茶书进行对照,发现其内容大都围绕着《茶经》而写。"

《一之源》主要论述茶的起源、茶的植物学性状、茶的命名、茶树生长的环境、茶树的种植方法、茶的功效以及饮茶人的俭德等。《二之具》介绍了采茶、制茶的器具。《三之造》叙述了采茶、制茶，描绘了茶饼的外部形态，总结了鉴别茶饼品质高下的方法等。《四之器》介绍了二十五组煮茶、品茶所用到的茶器，包括了这些茶器的规格、质地、结构、造型、纹饰、用途及使用方法等。《五之煮》阐述了烤茶、选用燃料与鉴别水质的方法，以及如何把握火候和怎么培育茶的精华。《六之饮》阐述了饮茶的功效、历史、困难、方法等。《七之事》收集了自远古神农时期到唐代中叶数千年间与茶事相关的历史文献，系统地梳理了我国古代茶的发展演变，史料颇具参考价值。《八之出》阐述了唐代山南、淮南、浙西、剑南、浙东、黔中、江南、岭南等地区的茶叶品质。《九之略》介绍了在野外松间石上、清泉流水处和山洞里等各种特殊环境背景下可以省略不用一些茶器。《十之图》主张用白绢把《茶经》制成四幅或六幅图，挂在墙上。

学界对今本《茶经》成书的时间有不同的认识，主要有三种观点：一为760年成书，一为764年成书，一为775年成书。这三种说法都有各自的证据，故有学人折中这三种说法，提出今传本《茶经》有初稿、修改稿，认为其初稿完成于唐肃宗上元二年（761）之前，修改定稿大约在780年。但今本《茶经》最早版本为南宋咸淳九年（1273）左圭编《百川学海》收录的《茶经》，已经不是陆羽《茶经》抄本原貌。我们欲考订陆羽《茶经》成书的时间，不仅要从今本《茶经》内容里去探索，还要把其置于唐抄本到宋刻本的版本演变中考察。

陆羽《陆文学自传》记载有"《茶经》三卷"，而《陆文学自传》写作于"上元二年辛丑(761)"。故陆羽自己说撰写的《茶经》三卷,成书最晚在761年。不过此处"《茶经》三卷"是否就是今传本《茶经》,陆羽没有明说,但今传本《茶经》记载的内容有晚于761年的。陆羽《茶经·四之器》记载其风炉一足刻有"圣唐灭胡明年铸","圣唐灭胡明年"就是764年。《新唐书·隐逸列传·陆羽传》记载:"(陆)羽嗜茶,著《经》三篇,言茶之原、之法、之具尤备,天下益知饮茶矣。"《唐才子传》也记载:"(陆)羽嗜茶,造妙理,著《茶经》三卷,言茶之原、之法、之具。"疑此处《茶经》"三篇"或"三卷"当为今本《茶经·一之源》《茶经·二之具》《茶经·三之造》。

唐封演《封氏闻见记》卷6《饮茶》曰:

楚人陆鸿渐为《茶论》,说茶之功效并煎茶、炙茶之法,造茶具二十四事,以"都统笼"贮之。远近倾慕,好事者家藏一副。有常伯熊者,又因鸿渐之论广润色之。于是茶道大行,王公朝士无不饮者。御史大夫李季卿宣慰江南,至临淮县馆,或言伯熊善茶者,李公请为之。伯熊著黄被衫、乌纱帽,手执茶器,口通茶名,区分指点,左右刮目。茶熟,李公为歠两杯而止。既到江外,又言(陆)鸿渐能茶者,李公复请为之。(陆)鸿渐身衣野服,随茶具而入。既坐,教摊如伯熊故事。李公心鄙之,茶毕,命奴子取钱三十文酬煎茶博士。(陆)鸿渐游江介,通狎胜流,及此羞愧,复著《毁茶论》。

封演《封氏闻见记》成书在 8 世纪末，接近陆羽生活年代，记载陆羽还著有《茶论》《毁茶论》。《茶论》主要记载茶的功效、煎茶法和炙茶法，以及制造茶器。其中，《茶论》内容说制造茶器，或许与今本《茶经·四之器》大体类似；《茶论》内容讲煎茶、炙茶的方法，或许与今本《茶经·五之煮》有些类似；《茶论》内容述茶的功效或许与今本《茶经·六之饮》内容大体类似。今本《茶经·六之饮》记载有煮茶的九个难处以及今本《茶经·九之略》，这或许与《毁茶论》有关。《旧唐书》记载："广德中，李季卿为江淮宣抚使。"《新唐书》又记载："御史大夫李季卿宣慰江南，次临淮，知（常）伯熊善煮茶，召之，（常）伯熊执器前，（李）季卿为再举杯。至江南，又有荐（陆）羽者，召之。羽衣野服，挈具而入，（李）季卿不为礼，（陆）羽愧之，更著《毁茶论》。"陆羽著《茶论》《毁茶论》等当在 764 年前后。大约在 764 年，陆羽又完成今本《茶经·四之器》《茶经·五之煮》《茶经·六之饮》《茶经·九之略》，这也与陆羽《茶经·四之器》记载其风炉一足刻有"圣唐灭胡明年铸"的时间基本一致。

唐皮日休《〈茶中杂咏〉序》曰：

自周已降及于国朝茶事，竟陵子陆季疵言之详矣。然（陆）季疵以前称茗饮者，必浑以烹之，与夫瀹蔬而啜者无异也。（陆）季疵之始为《经》三卷，由是分其源，制其具，教其造，设其器，命其煮，俾饮之者，除痟而去疠，虽疾医之，不若也。其为利也，于人岂小哉！余始得（陆）季疵书，以为备矣！后又获其《顾渚山记》二篇，其中多茶事。后又太原温从云、武威段碣之各补茶事十数节，并存于方册，茶之事由周至于今，竟无纤遗矣。昔晋杜育有《荈赋》，(陆)季疵有《茶歌》。

皮日休在陆羽去世之后，获得其《茶经》三卷，此抄本"分其源"估计与今本《茶经·一之源》类同，"制其具"估计与今本《茶经·二之具》类同，"教其造"估计与今本《茶经·三之造》类同，"设其器"估计与今本《茶经·四之器》类同，"命其煮"估计与今本《茶经·五之煮》类同，"俾饮之"估计与今本《茶经·六之饮》类同。后来皮氏又获得陆羽《顾渚山记》，该书多记载茶事，疑《顾渚山记》与《茶经·七之事》类同。且皮氏还补充了陆羽《顾渚山记》漏收茶事十余条。顾渚山在湖州，唐代宗大历八年(773)，颜真卿到湖州出任刺史，邀请陆羽参与编撰《韵海镜源》。大历九年，《韵海镜源》编成。陆羽应该在774年或者之后，写了《顾渚山记》。

宋陈师道《〈茶经〉序》曰：

陆羽《茶经》，家书一卷，毕氏、王氏书三卷，张氏书四卷，内外书十有一卷。其文繁简不同，王、毕氏书繁杂，意其旧文。张氏书简明，与家书合，而多脱误。家书近古，可考正，自"七之事"，其下亡。乃合三书以成之，录为二篇，藏于家。

陈师道记载他家收藏陆羽《茶经》，与唐皮日休陆羽《茶经》篇数一样,只有今本《茶经》前七章。他指出"其下亡",或许认为陆羽《茶经》还有《茶经·八之出》《茶经·九之略》《茶经·十之图》,这个不得而知。

综合以上,我们可知今本《茶经》前七章是陆羽在不同时期撰写的,他最晚于761年,撰写今本《茶经·一之源》《茶经·二之具》《茶经·三之造》;在764年前后,他写成今本《茶经·四之器》《茶经·五之煮》《茶经·六之饮》《茶经·九之略》;在774年或者之后,他完成今本《茶经·七之事》。日本布目潮沨先生根据今本《茶经·八之出》记载州县地名的变更,认为陆羽此章写成于758至761年之间,这个结论是比较客观的。对于《茶经·十之图》,我们还难以断定陆羽何时写成,不过《十之图》是对前九章的汇总,其构作当在《七之事》之后,或许如《四库全书总目提要》所云:"其曰图者,乃谓统上九类,写以绢素张之,非别有图。其类十,其文实九也。"《十之图》本来没有。此外,《茶经·七之事》源自陆羽《顾渚山记》,而皮日休还补充了陆羽《顾渚山记》漏收茶事十余条。《七之事》是否收录皮氏补入的十余条茶事,这需要我们进一步深入研究。也有一些学人指出,《茶经·八之出》窜入唐五代毛文锡《茶谱》的内容,《太平寰宇记》明确记载为《茶谱》的内容,然这又成为《茶经·八之出》的夹注。陈师道在《〈茶经〉序》里提到陆羽《茶经》有毕氏三卷本、王氏书三卷本、张氏四卷本及家传本,又指出毕氏三卷本和王氏书三卷本的内容繁杂,张氏四卷本和家传本的内容简明,或许在北宋时期今本《茶经·八之出》窜入毛文锡《茶谱》的内容,不过毛文锡《茶谱》已经亡佚,《八之出》窜入《茶谱》内容有多少,这也需要我们进一步辨析。

四、《茶经》的价值

陆羽《茶经》是世界第一部全面、系统论述茶的专门著作,比较全面地总结了唐代初期及其以前中国人在有关茶方面所取得的技术与经验,在茶史及茶文化上具有开创之功,成为后人模仿、学习的对象。该书既适应了当时茶业的发展,也影响了更多的人去种茶、制茶、饮茶等,繁荣了人类饮品的文化元素。

陆羽《茶经》在《新唐书》中被归为《小说类》,在宋代郑樵所编《通志》中被归为《食货类》,在宋代晁公武编《郡斋读书志》中被归为《农家类》,在《宋史》中也被归为《农家类》。从陆羽《茶经》在各书中归类为《小说类》到《农家类》的变化我们可知,该书的价值日益为人发现,并被准确看待。

茶业在中国一般作为农业的副业,故多数人把陆羽《茶经》归类到《农家类》。中国是茶树种植较早的地区。晋代常璩《华阳国志》卷 1 说:

武王既克殷,以其宗姬封于巴,爵之以子。古者远国虽大,爵不过子,故吴、楚及巴皆曰子。其地,东至鱼复,西至僰道,北接汉中,南极黔、涪。土植五谷,牲具六畜,桑、蚕、麻、苎、鱼、盐、铜、铁、丹、漆、茶、蜜、灵龟、巨犀、山鸡、白雉、黄润、鲜粉,皆纳贡之。其果实之珍者,树有荔芰,蔓有辛蒟,园有芳蒻、香茗、给客橙、葵。

《华阳国志》成书在 348 至 354 年之间,记载我国西南地区很早就把茶作为上贡的物品,并提到园子有茶树种植。

唐朝以前,茶多是达官贵族的饮品。而到了唐代,饮茶已经成为人们日常生活的一部分,走进了寻常百姓之家。在唐代宗大历五年(770),国家还设立贡茶院,每年派人去督制茶进贡朝廷。在唐德宗建中元年(780),国家开始正式征收茶税,此后,茶税成为一项固定的赋税。陆羽《茶经》正是在这样的茶业发展背景下创作出来的。在《茶经·一之源》里,他经过长期观察、反复实践,逼真地为我们描画出茶树的植物形态,详细地记述了茶树种植的土壤、光照等条件,并指出种茶方法如种豆。这些种植茶树的经验,直到今天依旧指导着产茶区人民去种植茶树、管理茶园。茶业发展不只是茶树的种植,还涉及茶叶采摘、茶饼制作、茶器制造等方面,这在陆羽《茶经》中都有细致的介绍。

因此,陆羽《茶经》深受人们欢迎,促进了茶学知识向大众的普及。唐封演《封氏闻见记》记载:"楚人陆鸿渐为《茶论》,说茶之功效并煎茶、炙茶之法,造茶具二十四事,以'都统笼'贮之。远远倾慕,好事者家藏一副。"唐李肇《唐国史补》记载:"(陆)羽有文学,多意思,耻一物不尽其妙,茶术尤著。巩县陶者多为瓷偶人,号陆鸿渐,买数十茶器得一鸿渐,市人沽茗不利,辄灌注之。"唐赵璘《因话录》记载:"(陆羽)性嗜茶,始创煎茶法,至今鬻茶之家,陶为其像,置于炀器之间,云宜茶足利。"唐皮日休《〈茶中杂咏〉序》记载:"(陆)季疵之始为《经》三卷,由是分其源,制其具,教其造,设其器,命其煮,俾饮之者,除瘠而去疠,虽疾医之,不若也。其为利也,于人岂小哉!"封演提到人们家中收藏陆羽《茶经》中茶器,李肇和赵璘都说到巩县(今河南巩义)有人把陆羽制成陶人,皮日休称赞陆羽《茶经》利于人们消除疾病,这说明陆羽在当时就因著《茶经》而闻名于世。

到了宋朝,陈师道《〈茶经〉序》甚至说:"夫茶之著书自(陆)羽始,其用于世亦自(陆)羽始,(陆)羽诚有功于茶者也。上自官省,下逮邑里,外及戎夷蛮狄,宾祀燕享,预陈于前,山泽以成市,商贾以起家,又有功于人者也,可谓智矣。"他说陆羽《茶经》在少数民族地区都有流传。

陆羽所著书籍众多,唯独《茶经》广为流传,这表明《茶经》既源自人类生活实践,又极大地方便人们生活。

陆羽《茶经》采茶、制茶、煮茶、饮茶等茶艺多来自他的实践经验。他提出采茶和制茶时间最好在晴天,规范制茶程序为"蒸之,捣之,拍之,焙之,穿之,封之",其在煮茶时,提出了"三沸"说,这是一种考验煮茶人技术的方法,至今仍有人运用此法来煮茶。茶成为人们日常待客的必备品,而如何来设碗分茶,他说根据客人数量来定茶具,提出一炉茶最好倒三碗。

陆羽《茶经》淋漓尽致地阐释人与茶的自然之道。《茶经》:"野者上,园者次。"他认为野生的茶质量最好,人工种植的茶就差一些,这说明其更加崇尚茶的自然本质。在择水方面,陆羽主张煮茶最好用纯天然的山水;在制造茶具方面,他多用木、竹等自然植物;在《茶经·九之略》里,他提及在野外寺院或山间茶园等地制茶,这都体现了其崇尚自然的倾向。茶本是大自然的恩赐,陆羽在《茶经》中始终贯彻着茶的自然本性,让人在制茶、烤茶、饮茶等过程中,顺应茶的自然之性。

人如何遵循茶的自然之性,陆羽说"最宜精、行、俭、德之人"。通过饮茶活动,让自己养成具有美好品德的人,"茶品即是人品"。这就把人的品行与茶紧密联系在一起,从文化层次上说明了饮茶不只是物质享受,还是精神追求。饮茶更是一种道德修行,"精、行、俭、德之人"才与"茶性俭"相吻合。这是我国最早论述的茶德的起源,对日本茶道、韩国茶道等产生了深远的影响。

人类自从诞生文明之后,就制定了各种规章制度、礼仪法则,形成了许多繁文缛节,造成了不必要的浪费,陆羽《茶经》对此是明确反对的,他认为用银制作茶器,这太过于奢侈。

陆羽《茶经》还蕴含着阴阳和合之道。茶在我国早期多是作为药用,不少医书描述茶叶有止渴、清神、益思、去腻等功效。《茶经》记载:"茶之为用,味至寒。"茶是凉性的,故《茶经》又记载:"阴山坡谷者,不堪采掇,性凝滞,结瘕疾。"背阴地方产的茶,喝多了会生病。因此,陆羽在《茶经》里提出晴天采茶、制茶,饮茶要趁热喝,这些都体现了阴阳和合之道。

五、《茶经》的译注

我国很早就有人注释陆羽《茶经》,据有人研究认为,今传本《茶经》注释在宋代就窜入毛文锡《茶谱》的内容。不过学界对陆羽《茶经》进行译注开始较晚，但研究代不乏人，成果丰硕。此处选取近当代部分学人著述做简要介绍。

近当代学界最早对陆羽《茶经》进行译注的研究者为林荆南，他根据张宗祥刊本《茶经》，在 1976 年将《茶经》今注今译，这是当代最早的《茶经》注译本。

在 20 世纪 80 年代，陆羽《茶经》有数个注译本，如邓乃朋《茶经译释》，张芳赐、赵丛礼、喻盛甫《茶经浅释》，傅树勤、欧阳勋《陆羽茶经译注》，蔡嘉德、吕维新《茶经语释》，吴觉农主编《茶经述评》，周靖民《陆羽茶经校注》等。邓乃朋先生是我国近当代著名的茶史专家，在 1980 年对陆羽《茶经》做了译释，不过邓乃朋《茶经译释》一开始仅内部印刷。傅树勤先生编著有《茶神陆羽》，欧阳勋先生负责陆羽茶文化研究会，出版与茶经相关研究图书《茶经论稿》《陆子茶经》等，撰写有《传播世界的陆羽〈茶经〉》《陆羽〈茶经〉在日本》，他们译注的陆羽《茶经》影响较大。蔡嘉德、吕维新《茶经语释》比较简略。吴觉农先生是近当代著名的茶学专家，被誉为"当代茶圣"，他主编的《茶经述评》，注释陆羽《茶经》翔实，翻译陆羽《茶经》更是深入浅出，一直深受国内外有关人士喜爱，被看作经典之作，为当今最具代表性的《茶经》注本。故该书再版多次，在海内外影响巨大。

在 20 世纪 90 年代及其以后，又陆续出版了一些陆羽《茶经》的注译本，如程启坤《陆羽〈茶经〉解读与点校》、沈冬梅《茶经校注》、沈冬梅《茶经》译注(收录在中华书局出版《中华经典藏书》中)、宋一明《茶经译注》、沈冬梅评注《茶经》、叶灵华注译《茶经》等。程启坤《陆羽〈茶经〉解读与点校》是在比勘陆羽《茶经》各种版本的基础上，对《茶经》进行了逐段逐句的解读。沈冬梅的《茶经校注》是陆羽《茶经》校勘的集大成者，她在该书中对《茶经》中重点和难点字词进行了注音、解释，且她在中华书局出版有译注、评注陆羽《茶经》的著作。

此外，日本一些学人也注译了陆羽《茶经》。早在1774年，日本大典禅师就用片假名混杂中文来注解陆羽《茶经》，他是日本研究《茶经》的先行者。诸冈存先生是日本近代研究陆羽《茶经》的著名学者，编著有《茶经评译》《茶经评释外篇》。布目潮沨是当代研究陆羽《茶经》的主要代表人物之一，出版有《中国茶书全集》，该全集收录有关于陆羽《茶经》注译的成果。日本学人对陆羽《茶经》的注译深远地影响了日本的茶学、茶道等。

前辈学人对陆羽《茶经》的注译做出了巨大的贡献，在近当代学人众多《茶经》译注中，20世纪当以吴觉农主编《茶经述评》为典型代表，21世纪初期，当以沈冬梅《茶经校注》为典型代表。然而随着信息化的深入发展，我们可以积极利用大数据资源，进一步分析陆羽《茶经》中的疑难字词，解决吴觉农主编《茶经述评》(以下简称吴编著)和沈冬梅《茶经校注》(以下简称沈校注)《茶经》译注中未能解决的问题。笔者归纳概括，以为主要包括以下三个方面：一、吴编著和沈校注中部分字词解释有值得商榷的地方。如今本《茶经·二之具》"单服"，吴编著解释其为"单衫"，沈校注解释其为"单薄的衣服"，我们认为其解释为"葛布做的衣服"。《论语》："当暑，缜（zhěn）绤（chī）绤（xì）。"

三国何晏等《论语集解》："孔安国曰暑则单服，绤绤，葛也。"今本《茶经·三之造》"廉襜然"，吴编著解释其为"棱角整齐"，沈校注解释其为"像帷幕一样有起伏"，我们认为其解释为"筋理绝起有廉棱"。《周礼·考工记·弓人》："筋之所由襜。"汉郑玄注："襜，绝起也。"唐贾公彦疏："郑云'襜，绝起也'者，由绝起则廉襜然也。"二、吴编著和沈校注中部分字词解释阙疑的地方。如今本《茶经·八之出》"黄头港"，吴编著和沈校注都阙疑，我们考索嘉靖《光山县志》记载："黄土港、亚港在县东北，"认为黄头港即黄土港。三、吴编著和沈冬梅《茶经》译注中部分文句翻译有进一步探讨的地方。如今本《茶经·五之煮》："如漆科珠，壮士接之，不能驻其指。"吴编著翻译其为"如漆小小的圆珠，由大力士来做，也不能一刻停留"。沈冬梅《茶经》译注中翻译其为"这就如同涂漆的圆珠子，轻而圆滑，力大之人反而拿不住它一样"。我们认为其翻译为"这就如同漆树子一样，壮士握住它，不能进入其一指宽"。

　　本书以中国国家图书馆馆藏南宋《百川学海》本《茶经》为底本，用中国国家图书馆馆藏《说郛》本《茶经》、陶氏涉园景印《百川学海》本《茶经》等作为校本，并参考和借鉴明代和清代诸版本《茶经》，以及宋代类书、地理志书记载《茶经》相关内容和近当代人研究《茶经》文本成果，精校今本《茶经》，再在前辈学者注译陆羽《茶经》的基础上，加以注释翻译，敬请广大读者批评指正。

余　康

2020 年 5 月

目　录

卷　上

卷　中

卷　下

卷

上

一之源

本章主要论述茶树的产地、茶树的植物学性状、茶的命名及茶字的演变、茶树生长的土壤、茶树的种植方法、茶叶品质的高下、饮茶的药效、饮茶人的品德要求、采茶和制茶不适宜的危害以及茶叶在不同地区出产的功效等。

陆羽以"南方之嘉木"来评茶树，不仅介绍了茶产区，还暗示了茶对人的益处。而人们如何识别此"嘉木"，他经过长期观察，形象逼真地为我们描画出茶树的尺寸、形态，以及茶树叶、茶树花、茶子、茶树枝、茶树根的样子。他又从《尔雅》《开元文字音义》《唐本草》等书中探求茶的命名，指出茶有"槚""蔎""茗""荈"等称谓。这对人们识茶、种茶有莫大的帮助与益处，推动了我国种茶业的发展和茶文化的普及。

科学研究表明嫩茶叶的品质高下，与茶树生长土壤、光照条件等自然环境有密切的关系。土壤是茶树生长的基本条件之一，茶树成长所需的养料多来自于此。陆羽详细地记载了茶树种植的土壤、光照等自然条件,提出岩石经过长期风化而形成的土壤种植茶树最好。这种土壤既能保持土质的通透性、保水性及排水性,也能提供各种矿物元素,种植在这样土壤的茶树,就会长出富含微量元素的茶嫩叶。而含有大量半风化小石子的土壤和混合沙粒、黏土和少量小石子呈现浅黄或黄褐色的土壤种植的茶树,长出的茶嫩叶品质就差些。

茶树进行光合作用需要阳光,但茶树是耐阴植物,光照又不能太强了,故陆羽提及向阳山坡有林木遮蔽的茶树长出紫色嫩叶、肥硕像竹笋形状芽叶、上背两侧反卷芽叶的质量上等。而背阴山坡或谷地上的茶树长出嫩叶不宜采摘,人们长期饮用此地出产的茶,会生肚子结块之病。他还深入田野乡村调查种植茶树技艺,以人们熟知的种瓜方法来说种茶,极大地推广了人们种植茶树的方法。

种茶人一般都知道高山上自然生长的茶树制作出来的茶,比低山上人工种植的更香些,故陆羽说野生的茶品质好,园林种植的茶品质差些。野生茶树多生长在高山中,而园林种植的茶树多生长在海拔较低的地区。这些种植茶树的经验,直到今天依旧指导着产茶区人民去种植茶树、管理茶园、采摘茶嫩叶等。

茶在我国早期多是作为药用,不少医书描述饮茶具有止渴、清神、益思、去腻等功效,在唐朝深受人们喜爱。唐卢仝《走笔谢孟谏议寄新茶》:"一碗喉吻润,两碗破孤闷。三碗搜枯肠,唯有文字五千卷。四碗发轻汗,平生不平事,尽向毛孔散。五碗肌骨清,六碗通仙灵。七碗吃不得也,唯觉两腋习习清风生。"唐刘贞亮认为"茶有十德说"：以茶散郁气，以茶驱睡气，以茶养生气，以茶除病气，以茶利礼仁，以茶表敬意，以茶尝滋味，以茶养身体，以茶可行道，以茶可雅志。《茶经》此章记载："若热渴、凝闷、脑疼、目涩、四支烦、百节不舒，聊四五啜，与醍醐、甘露抗衡也。"饮茶治疗日常生活中常见的"热渴""凝闷"等疾病，见效比较快。

饮茶不仅能治病，还与人的品行有紧密联系。陆羽《茶经》记载："为饮最宜精、行、俭、德之人。"这从文化上说明了饮茶不只是物质享受，还是精神追求，是我国论述茶德的起源，对日本茶道、韩国茶礼等产生了深远的影响。

中国古代士人多以"嘉"类植物来比拟君子之性，陆羽也不例外。他把茶比作"嘉木"，从茶的外在特征一直介绍到茶的内在品性，其落脚点在"为饮最宜精、行、俭、德之人"，由物及人。他表面在说茶，实际上是在告诉人们做人要精益求精、立刻行动、勤俭节约、品德高尚。

　　茶者①，南方之嘉木也②。一尺、二尺乃至数十尺③。其巴山峡川④，有两人合抱者，伐而掇之⑤。其树如瓜芦⑥，叶如栀子⑦，花如白蔷薇⑧，实如栟榈⑨，蒂如丁香⑩，根如胡桃⑪。瓜芦木出广州⑫，似茶，至苦涩。栟榈，蒲葵之属⑬，其子似茶。胡桃与茶，根皆下孕⑭，兆至瓦砾⑮，苗木上抽⑯。

〔注释〕

①茶：植物之名，为山茶科山茶属，有乔木型、半乔木型和灌木型等。

茶树叶呈椭圆形或倒卵状椭圆形,先端短尖或钝尖,基部楔形,边缘有锯齿,下面无毛或微有毛。茶嫩叶经过加工,可供人饮用。茶树在秋末开花。茶子有棕褐色的坚硬外壳,呈扁球形,比较坚硬,不易压碎。茶树根具有治疗心脏病、口疮、牛皮癣等功效。《救生苦海》:"治口烂,茶树根煎汤代茶,不时饮。"

②南方:唐贞观元年(627)分全国为十道,南方一般指山南道、淮南道、江南道、剑南道、岭南道所辖区域,与现今以秦岭—淮河以南地区为南方大体一致,包括陕西南部、河南南部、四川、重庆、浙江、广西、广东、福建、云南、贵州、湖南、湖北、江西、江苏、上海、安徽等地,至今仍是中国的产茶区。嘉木:优良的树木,美好的树木。张衡《西京赋》曰:"嘉木树庭。"嘉,与"佳"同,美好的。陆羽称茶为"嘉木",北宋苏东坡称茶为"嘉叶",这都是称赞茶的美好。

③尺:我国古代尺的长短与当今尺的长短不一样。就是在古代各时期,尺的长短也会有差异。唐代有大尺、小尺之分,一般用大尺,大尺约30厘米。数十尺:数米高。在我国西南地区(包括云南、贵州、四川)发现野生大茶树,有的高达十几米,有的高达三十余米。吴觉农先生主编《茶经述评》记载,云南勐海发现野生大茶树高32.12米。

④巴山峡川:重庆东部与湖北西部地区。巴山,大巴山的简称,在汉水支流经河谷地以东,位于四川、重庆、陕西、湖北四省市边境,为四川、汉中两盆地间的界山,对冬季北方寒冷气流南侵有屏障作用,是中国亚热带、温带多种古老植物发源地之一。峡川,在今重庆和湖北交界处,北与大巴山相连,南与鄂西利川山原接壤。

⑤伐:砍断。掇(duō):拾捡,拾取。

⑥瓜芦:亦称皋芦、过罗、拘罗、物罗、苦芋等,为山茶科植物,生长在我国南方的一种叶似茶叶而具有药用价值的常绿灌木。其叶呈长椭圆

形,有锯齿缘。其花期在秋季,为白色,比茶花略大。我国古代南方人流行采摘瓜芦叶煎茶饮用,一些书中记载了此种植物作为饮品,其具有解渴消痰、醒神除烦以及明目的功效。唐陈藏器《本草拾遗》:"煮为饮,止渴明目,除烦,不睡,消痰。"宋李昉《太平御览》:"《南越志》曰:龙川县有皋芦草,叶似茗,味苦涩,土人以为饮。"宋唐慎微《证类本草》:"皋芦叶味苦,平。作饮止渴,除痰,不睡,利水,明目。出南海诸山。叶似茗而大。南人取作当茗,极重之。"明李时珍《本草纲目》:"皋芦,叶状如茗而大如手掌,挼(ruó)碎泡饮最苦而色浊,风味比茶不及远矣。"

⑦栀(zhī)子:又称作黄栀子、黄果树、山栀子、红枝子等,为茜草科,常绿灌木。其夏季开白花,花香浓郁。其叶对生或三叶轮生,为椭圆形或卵状披针形,与茶树叶相似。在9至11月果实成熟,呈红黄色,果皮薄而脆,略有光泽。

⑧白蔷薇:为蔷薇科,落叶小灌木,高达2米,茎、枝多尖刺,有时呈偃伏或缠绕状。其叶呈椭圆形或广卵形,花一般在5至6月开,花形似茶花。

⑨栟榈(bīnglǘ):又称作棕榈、棕衣树、棕树、陈棕、棕板、棕骨、棕皮,为棕榈科。其核果为近球形,淡蓝黑色,有白粉,与茶子内实类似,但略小一些。

⑩蒂:花或瓜果跟枝茎相连的部分,案:底本作"叶"。作"蒂",据校本等改。丁香:为桃金娘科丁子香属植物。一种又称作丁子香、鸡舌香等,属常绿乔木,生长在热带地区,叶子呈长方倒卵形或椭圆形,花冠白色稍带淡紫,果实长球形,花可以入药,籽粒可供压榨丁香精油,亦可做芳香剂。另外一种属落叶灌木或小乔木,一般生长在我国北方地区,树叶呈卵圆形或肾脏形,春季开白花或紫花,有浓郁香味,华形为长筒状,果实略扁。

⑪胡桃:为核桃科,落叶乔木,深根植物,和茶树根向土壤深处生长相似,主根长可达二三米以上。

⑫广州:三国孙吴黄武五年(226)分交州置,治所在广信县(今广西梧州),不久废。永安七年(264)复置,治所在番禺县(今广东广州)。辖境大致相当今广东、广西两省区除广东廉江以西、广西桂江中上游、容县、北流以南、宜州西北以外的大部分地区。隋开皇十二年(592),移治曲江县(今广东韶关南)。开皇末移治南海县(今广东广州)。仁寿元年(601)改为番州。大业三年(607)又改为南海郡。唐武德四年(621)复为广州,后为岭南道治所。天宝元年(742)改为南海郡。乾元元年(758)复为广州。

⑬蒲葵:又称作扇叶葵、葵扇叶,为棕榈科蒲葵属植物,大乔木,高可达二十米,生长在热带和亚热带地区。其叶大,呈阔肾状扇形,直径达一米以上,可做成蒲扇。其花小,为淡绿色,成熟的果实为黑色,呈椭圆形或矩圆形。

⑭下孕:植物根系往土壤深处生长。

⑮兆:我国古人用火灼龟甲时出现的一道裂纹,这里指种子生长使土层裂开。瓦砾:质地很硬的砖头和瓦片,这里指土层坚硬。

⑯上抽:向上生长。

[译文]

茶是南方生长的一种优良常绿植物。树高有一尺、两尺甚至数十尺的。在巴山峡川地区,有树主干粗到两人合抱的大茶树,需要砍掉其枝条,才能采到茶叶。茶树的外形似瓜芦木,叶似栀子叶,花似白蔷薇花,种子似棕榈子,蒂似丁香蒂,根似胡桃树根。瓜芦木,出产自广州地区,叶的形状似茶,味苦涩。棕榈是蒲葵属植物,种子像茶子。胡桃树根与茶树一样,都是向土壤深处生长,触碰到如瓦砾一样的坚硬土层,才会向上生长。

其字，或从草，或从木，或草木并。从草，当作"茶"，其字出《开元文字音义》①。从木，当作"搽"，其字出《本草》②。草木并，作"荼"，其字出《尔雅》③。

〔注释〕

①《开元文字音义》：唐开元二十三年（735），唐玄宗编撰的一部字书，共有三十卷。该书唐时已有缺失，后来逐渐亡佚不传，仅有残卷散见在别的典籍中。清黄奭辑佚该书一卷，收录在甘泉黄氏刊光绪中印本《汉学堂丛书》。汪黎庆在黄奭辑佚《开元文字音义》的基础上，亦辑佚该书一卷，为《小学丛残四种》之一，刊入民国五年（1916）上海仓圣明智大学排印本《广仓学宭丛书》甲类。这部成书时间比陆羽《茶经》早二十五年的官修字书里，已经用"茶"字。

②《本草》：又称作《新修本草》《唐本草》《唐英公本草》，唐显庆二年（657），徐勣、苏敬、长孙无忌等二十二人奉皇帝诏令对陶弘景《本草经集注》进行校订，并广收当时所知药物，编著《新修本草》，在显庆四年成书。全书分为三部分，书中收列药物八百四十四种，比《本草经集注》增加一百一十四种，有"本草"二十一卷（含目录一卷），"药图"二十六卷，"图经"七卷，共五十四卷。苏敬等在撰修过程中，还注意征集各地选送道地药材，作为实物标准，描绘图形，并辨别前人记载的真伪，纠正古书中谬误。且该书中记载了当时民间使用的部分药用食品和从国外传入的药物等，详细地介绍了药物产地、形态、性味、功效和主治等，以便识别、采集与加工使用。系统地总结了唐以前的药物学成就，具有较高学术水平和科学价值，是世界上最早一部由政府颁行的药典，在世界药物学上有较大的影

响。如今该书《药图》和《图经》部分已经散佚,仅存《本草》残卷。现存有清光绪十五年(1889)德清傅氏影刻本、2002 年上海古籍出版社出版的《续修四库全书》本等。

③《尔雅》:我国最早的一部训诂专书,《汉书·艺文志》著录三卷二十篇,今传本有三卷十九篇,其前三篇为解释语辞,后十六篇为解释古时名物。一般认为该书在春秋、战国间已经出现,经战国、秦汉时学者加以整理而成。唐大和七年(833),该书升格为"十二经"之一。开成二年(837)立其刻石于国子监两廊,列为儒家经典。至北宋初定其为《十三经》之一。当今存有郭璞注本《尔雅》。清邵晋涵《尔雅正义》和郝懿行《尔雅义疏》,整理得较精细。

〔译文〕

从文字归属的部首来说,茶字有归属草部的,有归属木部的,也有并属草部和木部的。写成"茶"字的,属于草部,《开元文字音义》有收录。写成"槚"字的,属于木部,《新修本草》有收录。并属于草部和木部的,写作"荼"字,《尔雅》有收录。

其名,一曰茶,二曰槚①,三曰蔎②,四曰茗③,五曰荈④。周公云⑤:"槚,苦荼。"扬执戟云⑥:"蜀西南人谓荼曰蔎。"郭弘农云⑦:"早取为荼,晚取为茗,或一曰荈耳。"

〔注释〕

①槚(jiǎ):茶的别称。《尔雅·释木》:"槚,苦荼。"
②蔎(shè):茶的别称。

③茗:茶树的嫩芽。"茗"字作为茶的称谓,一般认为起源自长江中下游地区。早期采的称作茶,晚期采的称为茗。

④荈(chuǎn):茶的老叶,即粗茶。"荈"字在汉晋之际就成为茶的重要名称。西汉司马相如《凡将篇》:"荈诧。"三国西晋陈寿《三国志·吴志·韦曜传》:"(孙)皓每飨宴,无不竟日,坐席无能否,率以七升为限,虽不悉入口,皆浇灌取尽。(韦)曜素饮酒不过二升,初见礼异时,常为裁减,或密赐茶荈以当酒。"西晋杜育《荈赋》:"厥生荈草,弥谷被岗。"东晋葛洪《抱朴子内篇》:"啜荈漱泉。"现在人们很少用"荈"字称呼茶。

⑤周公云:《尔雅》曾以周公为作者,故有此说。周公,或作周公旦,姓姬,名旦,亦称叔旦,为周文王姬昌的儿子,周武王姬发之弟。武王即位,他辅政其伐纣灭商。周朝建立,其被封于鲁,但不就封,留于朝中辅政。武王去世后,成王年幼,他摄行王政,其兄弟管叔、蔡叔、霍叔不服,联合纣子武庚及东方少数民族反叛,他率兵东征,平定叛乱,继续大规模分封诸侯,并兴建洛邑,作为东都。他又吸取前代历史经验,厘定礼乐刑罚制度,主张"明德慎罚",使周朝统治得以巩固。后成王年长,他乃返政于成王。其政治思想见于《尚书》的《大诰》《多士》《无逸》《立政》等篇。

⑥扬执戟云:汉扬雄《方言》说。扬执戟就是扬雄(前53—前18),字子云,西汉蜀郡成都(今四川成都)人。著名文学家、思想家、语言学家、哲学家。他为人口吃,不能剧谈,但少好学,博览群书,长于辞赋,以文章名世。成帝时,初为待诏,岁余,任为郎、给事黄门,与王莽、刘歆并列。王莽称帝,其担任大夫,校书天禄阁。其辞赋著名的有《反离骚》《甘泉赋》《长杨赋》《校猎赋》等。这些赋的形式多模仿司马相如《子虚赋》《上林赋》。其后转而研究哲学,又仿照《论语》作《法言》,还仿照《易经》作《太玄》。其后来又续《仓颉篇》作《训纂》。执戟,皇帝的亲近侍卫。汉以郎中、中郎、侍郎等郎官执戟宿卫宫殿门户,故称之"执戟"。《汉书·惠帝纪》:

"谒者、执楯、执戟、武士、驺比外郎。"唐颜师古注引应劭:"执戟,亲近侍卫也。"

　　⑦郭弘农云:晋郭璞《尔雅注》说。郭弘农就是郭璞(276—324),字景纯,晋朝河东闻嘉(今山西)人。尚书都令史郭瑗之子。他好经术,博学有高才,精于五行、天文、卜筮之术,喜古文奇字,善词赋。他初仕为郡守参军,累迁至尚书郎,时常为朝廷大臣、皇帝等人卜卦;与王导、桓彝、庾亮等关系密切。太宁二年(324),他被王敦杀害。著有《江赋》《南郊赋》《客傲》《洞林》《新林》《卜韵》《音义》《图谱》等,注释有《尔雅》《山海经》《子虚赋》等。

[译文]

　　茶的命名,一称作茶,二称作槚,三称作蔎,四称作茗,五称作荈。周公《尔雅》说:"槚,就是苦茶。"汉扬雄《方言》说:"四川西南部人把茶称作蔎。"晋郭璞《尔雅注》说:"早期采摘的茶嫩叶称作茶,晚期采摘的称作茗,有的称其为荈。"

　　其地,上者生烂石①,中者生砾壤②,下者生黄土③。凡艺而不实④,植而罕茂⑤,法如种瓜⑥,三岁可采。野者上,园者次。阳崖阴林⑦,紫者上,绿者次⑧;笋者上,芽者次⑨;叶卷上,叶舒次⑩。阴山坡谷者⑪,不堪采掇⑫,性凝滞⑬,结瘕疾⑭。

[注释]

　　①烂石:岩石经过长期风化而形成的土壤。此种土壤土层深厚,土质

疏松,排水性能好,有机质含量丰富。

②砾(lì)壤:含有大量半风化小石子的土壤。此种土壤土质较疏松,排水性能较好,但土层不够厚,有机质含量也低。

③黄土:混合沙粒、黏土和少量小石子,且呈现浅黄或黄褐色的土壤。此种土壤多分布在热带和亚热带地区,内部空隙较大,用手搓捻容易成粉末,土质肥沃,富含铁氧化物。

④艺而不实:种植不好的茶子。艺,种植。实,植物结的果,此处指茶子。

⑤植而罕茂:茶树很少能够生长得茂盛。植,生物的一大类,谷类、花草、树木等的统称,此处指茶树。

⑥法如种瓜:种植茶树的方法如同种瓜。北魏贾思勰《齐民要术》:"凡种法,先以水净淘瓜子,以盐和之。先卧锄,耧却燥土,然后掊坑。大如斗口,纳瓜子四枚、大豆三个,于堆旁向阳中。瓜生数叶,掐去豆,多锄则饶子,不锄则无实。"唐五代韩鄂《四时纂要》:"种茶,二月中于树下或北阴之地开坎,圆三尺,深一尺,熟斸(zhú)著粪和土,每坑种六七十颗子,盖土厚一寸强,任生草,不得耘。相去二尺种一方,旱即以米泔浇。此物畏日,桑下竹阴地种之皆可。二年外方可耘治,以小便、稀粪、蚕沙浇拥之,又不可太多,恐根嫩故也。大概宜山中带坡峻,若于平地,即须于两畔深开沟垄泄水,水浸根必死。三年后,每科收茶八两,每亩计二百四十科,计收茶一百二十斤。……熟时收取子,和湿沙土拌,筐笼盛之,穰草盖,不尔即乃冻不生,至二月出种之。"根据贾思勰《齐民要术》与韩鄂《四时纂要》的记述,种茶方法的要点是精心锄耧土地,挖一尺来深、一尺来宽的坑,并在坑底施肥,再播撒茶子等。

⑦阳崖:朝向太阳的山崖。阴林:枝叶茂盛、浓阴蔽日的树林。

⑧"紫者上"两句:茶嫩叶以紫色的质量好,绿色的质量差些。吴觉农

主编《茶经述评》："芽叶以紫色的质量好,绿色的较差。茶树芽叶的色泽,因茶树的品种和栽培地区的土壤及覆荫等条件的不同而有所差别。按照现在的茶树品种,以芽叶的颜色来区分,有紫芽种、红芽种、绿芽种等。"

⑨"笋者上"两句:笋者上,茶树的嫩芽,芽头长得肥壮,形状如竹笋,用此种原料制作的茶饼质量好。芽者下,茶树的嫩芽,芽头短而瘦小,用此原料制作的茶饼质量差些。

⑩"叶卷上"两句:叶卷上,茶嫩叶刚刚长出时从其上背两侧反卷的质量好。叶舒次,茶嫩叶开始生长时就平展开的质量差些。陆羽此种见解至今仍是识别良种茶的重要特征之一。

⑪阴山坡谷:山中不朝向太阳的斜坡地,或地势深凹的谷地。

⑫不堪:不可,不能。采掇:采摘。

⑬凝滞:凝结积聚。

⑭瘕(jiǎ):人肚子里生结块的病。《黄帝内经·素问》:"寸口脉沉而弱,曰寒热及疝瘕少腹痛。"

[译文]

　　茶树生长的土壤,以岩石经过长期风化而形成的为上等,以含有大量半风化小石子的为中等,以混合沙粒、黏土和少量小石子,且呈现浅黄或黄褐色的为下等。如果种植不好的茶子,茶树很少能够生长得茂盛,种植茶树的方法如同种瓜,一般在种植三年之后就可以采摘茶叶了。野生茶叶的质量好,园林里种植的质量差些。向阳山坡有林木遮蔽的茶树,以紫色的茶嫩叶质量好,以绿色的茶嫩叶质量差些;以茶嫩叶芽头长得肥壮、形状如竹笋的质量好,以茶嫩叶芽头短而瘦小的质量差些;以茶嫩叶刚刚长出时从其上背两侧反卷的质量好,以茶嫩叶开始生长时就平展开的质量差些。背阴斜坡地或地势深凹谷地上出产的茶嫩叶,不能采摘,这样的茶嫩叶凝结积聚寒性,长久饮用会导致人肚子里生结块的病。

茶之为用,味至寒[①];为饮,最宜精、行、俭、德之人[②]。若热渴、凝闷、脑疼、目涩、四支烦[③]、百节不舒,聊四五啜[④],与醍醐、甘露抗衡也[⑤]。

〔注释〕

①"茶之为用"两句:茶叶治疗的效用,药性极寒。为,治理,治疗。味,量词,指中草药的一种。我国中医理论一般把药性分为温、寒、凉、热、平五类,而古代医学家一般认为茶的药性为寒,而陆羽认为茶的药性极寒,但对茶的寒性程度,一些医学家认为它只是轻寒,如《唐本草》:"(茶叶)味甘苦,微寒,无毒。"

②最宜精、行、俭、德之人:最适宜在做事上精益求精、立刻行动、勤俭节约、品德高尚的人。

③支:与"肢"同,人的手、脚、胳膊、腿的统称。烦:困乏,疲惫。

④聊:稍微,略微。啜(chuò):饮,吃。

⑤醍醐(tíhú):一种从酥酪中提制出味道极其甘美的奶油,而佛教典籍一般把醍醐譬喻为最高的佛法。《大般涅槃经·圣行品》:"譬如从牛出乳,从乳出酪,从酪出生酥,从生酥出熟酥,从熟酥出醍醐。醍醐最上……佛亦如是。……从般若波罗蜜出大涅槃,犹如醍醐。言醍醐者,喻于佛

性。"此处醍醐当指佛法。甘露:甘美的露水。《老子》:"天地相合,以降甘露。"宋李昉《太平御览》引《瑞应图》:"甘露者,美露也。神灵之精,仁瑞之泽,其凝如脂,其甘如饴,一名膏露,一名天酒。"佛教典籍一般把甘露譬喻为佛法、涅槃等。《法华经·药草喻品》:"为大众说甘露净法。"此处甘露当指佛法。

〔译文〕

　　茶叶的治疗效用,药性极寒;作为饮料,最适宜精益求精、立刻行动、勤俭节约、品德高尚的人。如果有人燥热口渴、凝结心烦,头疼、眼睛干涩,以及四肢疲惫、关节不舒畅,稍微饮上四五口茶,功效就如同听闻佛法大彻大悟相匹敌。

　　采不时,造不精,杂以卉莽,饮之成疾。茶为累也①,亦犹人参。上者生上党②,中者生百济、新罗③,下者生高丽④。有生泽州、易州、幽州、檀州者⑤,为药无效,况非此者。设服荠苨⑥,使六疾不瘳⑦。知人参为累,则茶累尽矣。

〔注释〕

　　①累:使人感到多余或麻烦的事物。
　　②上党:山西省古地名,战国韩置,秦至东汉中期治所在长子县(今山西长子西南),辖境大致相当今山西长治、晋城、和顺、左权、榆社、武乡、沁县、沁源、沁水、襄垣、黎城、安泽、屯留、潞城、长子、壶关、平顺、高平、陵

川、阳城等地。东汉末移治壶关县(今山西长治北)。西晋移治潞县(今山西潞城东北)。北魏复移治壶关城,属并州,辖境大致在今长治市及屯留、长子、潞城、平顺、壶关、安泽等地。隋开皇初废,大业初复置上党郡,治所在上党县(今山西长治)。唐武德元年(618)改潞州,天宝初复为上党郡,乾元元年(758)又改为潞州。

③百济:大致在今朝鲜半岛西南部的汉江流域一带,是扶余人南下在朝鲜半岛西南部建立的国家,于660年灭亡。新罗:503年成立,至935年灭亡,大致在今朝鲜半岛东南部。

④高丽:即高句丽,于668年灭亡,大致在今朝鲜半岛的北部地区。

⑤泽州:盖取濩泽为名,隋开皇初改建州置,治所在高都县(今山西晋城东北),辖境大致相当今山西晋城市及沁水、高平、陵川、阳城等地,大业初改长平郡。唐武德元年(618)别置泽州,治所在濩泽县(今山西阳城),武德八年移治端氏县(今山西沁水东),贞观元年(627)又移治晋城县(今山西晋城),天宝初改高平郡,乾元元年(758)复改泽州。易州:因州南十三里易水得名,隋开皇元年(581)置,治所在易县(今河北易县),开皇十六年置易县为州治,大业初改为上谷郡。唐武德四年(621)复名易州,天宝元年(742)又名上谷郡,乾元元年(758)复名易州。辖境大致相当今河北内长城以南,安新、满城以北,南至马河以西。幽州:汉武帝置十三州刺史部之一。东汉治所在蓟县(今北京西南),辖境大致相当今北京市、河北北部、辽宁大部、天津市海河以北及朝鲜大同江流域。西晋移治涿县(今河北涿州)。北魏还治蓟县。隋大业初改为涿郡。唐武德元年(618)复置,辖境大致相当今北京市区及所辖通州区、房山区、大兴区和天津市武清区,河北易县、永清、安次等地。檀州:隋开皇十六年(596)置,治所在燕乐县(今北京密云区东北),大业三年(607)改为安东郡。唐武德元年(618)复为檀州,移治密云县(今北京密云区),天宝元年(742)改为密云郡,乾元

元年(758)复为檀州,辖境大致相当今北京密云、怀柔、平谷等区。

⑥荠苨(jìnǐ):为桔梗科多年生草本植物,叶片呈卵圆形至长椭圆状卵形,味甜,微寒,可入药,具有清热、化痰、解毒的功效。汉张仲景《金匮要略方论》:"凡诸毒,多是假毒以损元,知时,宜煮甘草、荠苨汁饮之,通诸毒药。"晋葛洪《肘后备急方》:"煮荠苨令浓,饮一二升。"唐孙思邈《千金翼方》:"荠苨,味甘寒,无毒,主解百药毒。"

⑦六疾:寒疾、热疾、末(四肢)疾、腹疾、惑疾、心疾等六种疾病,后来"六疾"用以泛指各种疾病。《左传·昭公元年》:"淫生六疾……阴淫寒疾,阳淫热疾,风淫末疾,雨淫腹疾,晦淫惑疾,明淫心疾。"瘳(chōu):病愈。

〔译文〕

如果采摘的茶嫩叶不合时节,制造的茶饼不够精细,杂糅着花草,饮用完之后会让人生疾病。饮茶使人感到成为多余的事,就如同服用人参一样。药效好的人参产自上党,药效次些的产自百济、新罗,药效差些的产自高丽。泽州、易州、幽州、檀州出产的人参,作为药用并没有疗效,更何况不是人参。假使服用的为荠苨,就会使人的各种疾病不能够痊愈。知道服用人参成为多余的事,也就完全明白了饮茶成为多余的事了。

二之具

〔题解〕

　　我国历来十分重视饮食工具的开发与设计,发明了各种材质、形状、容量等的用具,而茶具是饮食工具中的重要门类。《茶经》此章系统地介绍了唐代十余种采摘嫩茶叶和制造、保存茶饼的工具,他详细地描述了这些工具的材质、容量、形状以及功用等。从这一整套的茶具中,我们既能获悉此时利用工具发展茶业的情况,也可以探知唐代采茶、制茶、存茶的系列工序与各种技艺等。

　　唐代人制造饼茶一般有七道工序:采茶嫩叶,蒸茶嫩叶,捣茶嫩叶,拍茶嫩叶成饼形,焙茶饼,穿茶饼,封存茶饼。这种工序陆羽在下章《三之造》中也有细致的叙述,而每道工序都会用到各种工具。如"籝"是采茶用的竹篮,能通风透气,可以保持茶叶的鲜嫩;其容量大小适中,还可以防止嫩茶叶的挤压,是采茶人不可或缺的工具。皇甫冉《送陆鸿渐栖霞寺采茶》:"采茶非采菉,远远上层崖。布叶春风暖,盈筐白日斜。"皇甫冉提到陆羽采茶用的"盈筐",就是陆羽所说的"籝"。直到现在,人们采摘茶叶仍旧使用此种"籝"。

制造茶饼的工具主要有"灶""釜""甑""杵臼""规""承""檐""芘莉""棨""扑""焙""贯""棚""穿"等。"灶""釜""甑"等都是用来蒸煮嫩茶叶用的,这些工具源自炊具,但作为蒸茶工具用的与当作炊具用的又略有不同。陆羽说:"灶,无用突者。釜,用唇口者。甑,或木或瓦,匪腰而泥。"他记述的蒸煮茶叶工具,充分考虑了高温去除茶青味的功效。不过陆羽并没有写明怎么蒸煮茶叶,宋赵汝砺《北苑别录》:"茶芽再四洗涤,取令洁净,然后入甑,俟汤沸蒸之。然蒸有过熟之患,有不熟之患,过熟则色黄而味淡,不熟则色青易沉而有草木之气。"此外,在蒸煮茶叶过程中,还会用到榖木制作成的叉状工具,而榖木不仅结实,其皮还具有药用价值。

"杵臼"用来捣蒸过的茶嫩叶,"规""承""檐"等工具用来拍捣过的茶嫩叶成饼形,"芘莉""焙""贯""棚"等工具用来烘培拍好的茶饼,"棨"用来在拍好的茶饼上钻洞,"扑""穿"等工具用来贯穿烘焙好的茶饼。"育"主要是封存烘焙好的茶饼,其具有防潮、烘焙的双重功能。唐陆龟蒙《奉和袭美茶具十咏·茶焙》:"左右捣凝膏,朝昏布烟缕。方圆随样拍,次第依层取。山谣纵高下,火候还文武。见说焙前人,时时炙花脯。"唐顾况《焙茶坞》:"新茶已上焙,旧架忧生醭。旋旋续新烟,呼儿劈寒木。"焙茶是唐人制茶的一道重要工序,陆龟蒙和顾况的诗形象生动地描写了唐代茶焙的情景。

陆羽记述的这些工具，是采茶、制茶、存茶的重要保障。其中多数是唐朝以前就有的，也有一些可能是陆羽改进的，对当时及后世产生了重大的影响。且陆羽用"灶""釜""甑"等工具蒸煮茶叶的工艺，大约在宋朝时被引入日本，成为日本人流行的蒸青茶制作手法，对日本茶文化产生了重要的影响。

　　籝加追反①，一曰篮，一曰笼，一曰筥②，以竹织之，受五升③，或一斗、二斗、三斗者④，茶人负以采茶也。籝，《汉书》音盈，所谓："黄金满籝，不如一经⑤。"颜师古云⑥："籝，竹器也，受四升耳。"

〔注释〕

　　①籝（yíng）：与"籯"同，一种竹编的筐或笼子，为采茶用的工具。疑原注音"加追反"有误。唐陆龟蒙《奉和袭美茶具十咏·茶籝》："金刀劈翠筠，织似波文斜。"

　　②筥（jǔ）：盛物的圆形竹筐。《诗经》："于以盛之，维筐及筥。"《毛传》："方曰筐，圆曰筥。"

　　③升：唐代1升约等于当今的0.6升。

　　④斗：10升为1斗，唐代1斗约等于当今的6升左右。

　　⑤"黄金满籝"两句：留给子孙满筐黄金，不如教其传习一门儒家经书。《汉书·韦贤传》："遗子黄金满籝，不如一经。"

　　⑥颜师古（581—645）：名籀，字师古，以字行，唐京兆万年（今陕西西安）人。唐初经学家、语言文字学家、历史学家，为颜之推之孙，传家业，博

览群书,精训诂,善于写文章。唐高祖武德中,其累擢中书舍人,专典机密,诏令多出其手。唐太宗时,其拜中书舍人,旋坐事免。尝受诏于秘书省考定《五经》文字,多所厘正;随疑剖析,曲尽其源。官终秘书监、弘文馆学士。其著有《匡谬正俗》《汉书注》《急就章注》等。《旧唐书》《新唐书》均有传。

〔译文〕

籯加追反,又称作篮,又称作笼,又称作筥,是一种用竹子编织的工具,容量为五升,有的容量为为一斗、两斗、三斗,是采茶人背着采茶叶用的。籯,《汉书》读"盈"音,有"黄金满籯,不如一经"的说法。颜师古说:"籯,是一种竹器,容量为四升。"

灶,无用突者①。釜②,用唇口者③。

〔注释〕

①突:烟囱。陆羽认为茶灶不要带有烟囱,这样做的目的是为了使火力集中在锅底,以便充分利用锅灶内的热量。唐陆龟蒙《茶灶》:"无突抱轻岚,有烟映初旭。"陆龟蒙这句诗,描绘的茶灶就不用烟囱,与陆羽的观点一致。

②釜(fǔ):我国古代的一种炊具,类似于现在的锅,其内部平滑、外表沙涩、口小底圆,有的两侧有耳。它与鬲的作用基本一样,可以放在灶上,在上面放置蒸煮用的甑。这种炊具在汉代比较盛行,有铁制的、铜制的或陶制的。

③唇口:锅口边沿外翻带有唇边。

〔译文〕

制茶的灶,不要用带有烟囱的,这样可以使火力集中在锅底。釜,要用锅口边沿外翻带有唇边的。

甑①,或木或瓦,匪腰而泥②,篮以箅之③,篾以系之④。始其蒸也,入乎箅;既其熟也,出乎箅。釜涸,注于甑中。甑,不带而泥之⑤。又以谷木枝三桠者制之⑥,散所蒸芽笋并叶,畏流其膏⑦。

〔注释〕

①甑(zèng):我国古代蒸东西的一种炊具,底部有许多透蒸气的细孔,在蒸茶嫩叶时将其置于釜上,类似于当今的蒸锅。

②匪腰而泥:甑不要用腰部突出的,并且要用泥把甑与釜连接的部位密封上,这样做是为了最大限度地利用釜中的热量。下文夹注"甑,不带而泥之",实际上是注解此句的。

③篮以箅(bì)之:用篮状竹制品放在甑中作为隔水工具。箅,与"算"同,有空隙而能起间隔作用的片状工具。杨雄《方言》:"算……自关而西秦晋之间谓之算。"

④篾以系之:用篾条系在篮状竹具上,以方便其在甑中取放。

⑤带:用皮、布或线等做成的长条物。泥之:用泥巴或类似泥巴的东西涂抹封固。

⑥以谷(gǔ)木枝三桠者制之:用有三条枝丫的谷木制作成叉状工具。

穀,即穀树,又称作构树、楮树,为桑科落叶乔木,叶呈卵形或卵状椭圆形,叶端渐尖,全缘或缺裂,具有清热、凉血、利湿、杀虫等功效。其初夏开淡绿色小花,雌雄异株。其果实为圆球形,成熟时鲜红色,具有补肾、强筋骨、明目、利尿等功效。其木质极有韧性,树皮既可以做桑皮纸、绳索等,也具有利尿消肿、祛风湿等功效。

⑦膏:膏汁,此处指茶叶中所含的精华。

〔译文〕

甑,用木头或陶土制成,不要用腰部突出的,要用泥巴把甑与釜连接的部位密封上。甑内放置篮状竹制品作为隔水工具,并用篾条系在篮状竹具上,以方便其在甑中取放。开始蒸的时候,把茶叶放在箄子上面;等到蒸好之后,就把茶叶从竹箄上倒出来。锅中的水煮干时,就要向甑中注水。甑,甑与釜的连接部位不是用皮、布或线等做成的长条物密封,而是用泥巴密封起来。还需由有三条枝丫的穀木制作成叉状工具,用来挑散蒸好的嫩茶叶,以恐茶叶中所蕴含的精华流失。

杵臼①,一曰碓②,惟恒用者佳。

〔注释〕

①杵臼:杵和臼。杵,舂米的木棒。臼,舂米的工具,用石头或木头制成,中间凹下。此处指捣茶嫩叶用的一种工具。

②碓(duì):木石做成的捣米工具。早期的碓为一杵一臼,用来舂米。

后来又发明了畜力、水力的碓,且碓的使用范围也逐渐扩大,如捣药、捣纸等。此处指捣茶用的碓。《南史·宋本纪上·宋武帝纪》:"明日复至洲,里闻有杵臼声,往觇(chān)之,见童子数人皆青衣,于榛中捣药。"

〔译文〕

杵臼,又称作碓,以经常使用的为最好。

规,一曰模,一曰棬①,以铁制之,或圆,或方,或花。

〔注释〕

①棬(quān):我国古代用曲木做成的饮具,此处指制作茶饼的模具。

〔译文〕

规,又称作模,又称作棬,用铁制成,有圆形的,有方形的,还有花一样形状的。

承,一曰台,一曰砧①,以石为之。不然,以槐桑木半埋地中,遣无所摇动。

〔注释〕

①砧(zhēn):捶、砸或切东西的时候,垫在底下的工具。

〔译文〕

承,又称作台,又称作砧,用石头制成的。不这样,就把槐树木料、桑树木料半截埋在土中,在其上放置拍击捣好的茶嫩叶时使其不能摇动。

檐①,一曰衣,以油绢或雨衫、单服败者为之②。以檐置承上,又以规置檐上,以造茶也。茶成,举而易之。

〔注释〕

①檐(yán):与"簷"同,覆盖物的边沿或伸出的部分。此处指铺在承上隔离砧和茶饼的布,以便拿起制好的茶饼。

②油绢:细薄光滑的丝织品。《宋史·职官志》:"岁给春、冬服三十匹至油绢六匹,而加绵布钱有差。"雨衫:即蓑衣,用草或棕制成披在身上的防雨用具。刘禹锡《插田歌》:"农妇白纻裙,农父绿蓑衣。"陆龟蒙《五歌·雨夜》:"屋小茅干雨声大,自疑身著蓑衣卧。"单服:葛布做的衣服。《论语》:"当暑,缜(zhěn)绨(chī)绤(xì)。"三国何晏等《论语集解》:"孔安国曰暑则单服,缔绤,葛也。"

〔译文〕

檐,又称为衣,用细薄光滑的丝织品或穿坏了的蓑衣、葛布做的衣服当作布。将檐放在承上,再把规放在檐上,就可以用来制造饼茶了。茶饼制成之后,拿起来就非常容易。

芘莉音杷离①,一曰篣子,一曰篣筤②。以二小竹,长三尺,躯二尺五寸,柄五寸。以篾织方眼,如圃人土罗,阔二尺，以列茶也。

[注释]

①芘莉(bìlì)：锦葵和茉莉。芘，即锦葵，一种花草。莉，即茉莉，一年生或多年生草本植物，花有红、白、黄、紫各色，果实圆形，成熟时黑色。此处指用草编织而成的一种列放茶的工具。原注"芘"音为"杷"，与今音不同。

②筹筤(pánglǎng)：两种竹名，此处指盛放茶叶的竹织工具。皮日休《茶中杂咏·茶籯》："筤筹晓携去，蓦个山桑坞。开时送紫茗，负处沾清露。"

[译文]

芘莉_{音杷离}，又称作籯子，又称作筹筤。用两根小竹竿制成的，长三尺，躯干长两尺五寸，手柄长五寸。用竹篾编织成方眼状，如同种植园圃人的土罗，宽二尺，用来列放制成的茶饼。

棨①，一曰锥刀。柄以坚木为之，用穿茶也。

[注释]

①棨(qǐ)：古代有两种含义，一是指刻木以为信符，二是指官员出行的仗仪。此处指在茶饼上钻洞用的锥刀。

[译文]

棨，又称作锥刀。由坚实的木料做成柄，用来穿凿饼茶之用。

扑^①,一曰鞭。以竹为之,穿茶以解茶也^②。

〔注释〕

①扑:穿茶饼用的绳索或竹条。
②解(jiè):搬运,发送。

〔译文〕

扑,又称作鞭。由竹子制成的,用来把茶饼穿成串,以便搬运。

焙^①,凿地深二尺,阔二尺五寸,长一丈,上作短墙,高二尺,泥之。

〔注释〕

①焙(bèi):用微火烘烤,又泛指烘焙用的装置或场所。此处指烘焙茶饼用的焙炉。

〔译文〕

焙,地上挖坑,深二尺,宽二尺五寸,长一丈,上面砌一堵高二尺的矮墙,用泥来涂抹。

贯^①,削竹为之,长二尺五寸,以贯茶焙之。

①贯:焙茶时贯穿茶饼用的长竹条。

〔译文〕

贯,用竹子削制而成,长二尺五寸,用来贯穿茶饼进行烘培。

棚,一曰栈。以木构于焙上,编木两层,高一尺,以焙茶也。茶之半干,升下棚;全干,升上棚。

〔译文〕

棚,又称作栈。用木头制成的架子放在焙上,编排成上下两层的木架,层高一尺,用来烘焙茶饼。在茶饼半干时,就把茶饼升至棚的下层;在茶饼全干时,就把茶饼升至棚的上层。

穿音钏①,江东、淮南剖竹为之②,巴川、峡山纫榖皮为之③。江东以一斤为上穿,半斤为中穿,四两、五两为小穿。峡中以一百二十斤为上穿④,八十斤为中穿,五十斤为小穿。字旧作钗钏之“钏”字,或作贯串。今则不然,如磨、扇、弹、钻、缝五字,文以平声书之,义以去声呼之,其字以穿名之。

〔注释〕

①穿(chuàn)：与"串"同，一种贯穿制好茶饼时用的锁状工具。

②江东：我国古人在地理上以东为左，以西为右，故江东又称作江左。长江在今芜湖、南京间河段作西南南、东北北流向，秦、汉以后，是南北往来主要渡口所在，习惯上称自此而下的长江南岸地区为江东。三国时，江东为孙吴的根据地，故当时又称孙吴统治下的全部地区为江东。东晋及南朝宋、齐、梁、陈各代均建都建康(今江苏南京市)，故时人又称其统治下的全部地区为江左。唐开元二十一年(733)，分江南道为江南东道、江南西道和黔中道，江南东道简称"江东"，治所在苏州(今江苏苏州)，乾元元年(758)废，辖境大致相当今江苏长江以南，浙江、福建二省以及安徽歙县、绩溪、休宁、祁门、黟县与江西婺源、玉山等地。淮南：唐贞观十道及开元十五道之一淮南道的简称。贞观元年(627)置淮南道，辖境大致相当今淮河以南、长江以北，东至海，西至湖北广水、应城、汉川等地，开元二十一年(733)置淮南道采访处置使，治所在扬州(今江苏扬州)。至德元年(756)置淮南节度使，治所在扬州(今江苏扬州)。长期领有扬州、楚州、滁州、和州、寿州、庐州、舒州等，还曾领有泗州、濠州、宿州等，辖境大致相当今江苏、安徽两省江北、淮南地区的大部分，乾元元年(758)废。

③巴川：唐天宝元年(742)改合州置，治所在石镜县(今四川合川)，辖境大致相当今四川合川、铜梁、武胜、大足等地，乾元元年(758)复为合州。峡山：即三峡山的西峡、巫峡、归峡，指今重庆奉节东白帝城至湖北宜昌西南津关长江三峡之山。

④峡中：即巫峡地区，大致在今重庆巫山地区。唐高适《送李少府贬峡中王少府贬长沙》："巫峡啼猿数行泪，衡阳归雁几封书。"唐郑谷《峡

中〉：“万重烟霭里，隐隐见夔州。夜静明月峡（巫峡），春寒堆雪楼。”

〔译文〕

穿音钏，江东、淮南地区剖开竹子做成，巴川、峡山地区缝缀
榖树皮做成。江东把贯穿一斤重的茶饼称作上穿，半斤重的茶
饼称作中穿，四两、五两（十六两制）重的茶饼称作小穿。峡中
地区则将贯穿一百二十斤重的茶饼称为上穿，八十斤重的茶饼
称为中穿，五十斤重的茶饼称为小穿。穿字，原先作钗钏的
"钏"字，或者作贯串。现在就不如此，如同磨、扇、弹、钻、缝五
字一样，用平声来书写其字形，用去声来称作其字义，其字就用
穿字来命名。

育，以木制之，以竹编之，以纸糊之。中有隔，上有
覆，下有床，旁有门，掩一扇。中置一器，贮煻煨火①，令
熅熅然②。江南梅雨时③，焚之以火。育者，以其藏、养为名。

〔注释〕

①煻煨（tángwēi）：可以煨东西的热灰。东汉服虔《通俗文》：“热灰
谓之煻煨。”

②熅熅（yūn）：燃烧不旺、有火无焰的样子。《汉书·苏武传》：“凿地
为坎，置熅火。”颜师古注：“熅，谓聚火无焱（yàn）者也。”

③江南梅雨时：我国长江中下游地区每年6月初至7月中上旬之间持
续阴天多雨的气候现象，因正是江南梅子黄熟之时，故称其为“江南梅

雨",此季节空气长期潮湿,器物易霉,故又称霉雨。江南,长江以南之总称,唐贞观元年(627)置江南道,辖境相当今浙江、福建、江西、湖南等省及江苏、安徽长江以南,湖北、四川长江以南一部分和贵州东北部地区。开元二十一年(733)分为江南东道、江南西道和黔中道,江南西道治所在洪州(治今江西南昌),管辖宣州、饶州、抚州、虔州、洪州、吉州、袁州、郴州、鄂州、岳州、潭州、衡州、永州、道州、邵州、澧州、朗州、连州等,辖境大致相当今湖南洞庭湖、资水流域以东和东道以西地域,乾元元年(758)废。黔中道治所在黔州(今重庆彭水苗族土家族自治县),辖境大致相当今湖北清江中上游、湖南沅江上游,贵州桐梓、金沙、毕节、晴隆等地以东,重庆綦江、彭水、黔江与广西西林、凌云、东兰、南丹等地,乾元元年(758)废。

〔译文〕

　育,由木制作框架,用竹篾编织,再用纸糊一层。中间隔开,上面有遮盖,下面有床,旁边有门,关着一扇。中间放一器皿,盛有热火灰,让其火势微弱没有火焰。在江南梅雨季节时,要用火来烧。育,因其对茶有很好的贮藏、保养作用而得名。

三之造

〔题解〕

此章叙述了采摘茶叶的最佳时间、环境等,制茶的时机与工序,以及茶饼的种种外部形态和鉴别茶饼品质高下的方法等。

采茶是茶区人民重要的农事活动之一,而何时采茶是他们的关切点。陆羽明确提出采茶的时间大约在农历二月、三月、四月份期间,这个时期采摘的主要是春茶。但在唐朝及以前,也有采摘秋茶的相关记载。晋郭璞曰:"早采为茶,晚采为茗。"晋杜育《荈赋》:"月惟初秋,农功少休。"唐张籍曰:"秋茗莫夜饮,新自作松浆。"早在晋代就有采摘秋茶的有关记录,不过此时采摘秋茶主要在农闲的时间。到了唐代,饮用秋茶已经融入人们的日常生活中,并成为诗人歌咏的对象。不过春茶更受人们欢迎,唐朝皎然、卢仝、皮日休、李郢、白居易、齐己、刘禹锡、元稹、柳宗元、杜牧、温庭筠等都曾作诗赞美春茶,甚至唐朝还规定每年农历三月份采制第一批春茶时,湖州刺史、常州刺史等都要奉诏赴茶山督办修贡事宜。陆羽《茶经》顺应时代发展大势,重在探讨春茶的采摘与茶饼的制造,极大地推动了茶产业的日益兴盛与茶文化的逐渐普及。

在采摘春茶时,陆羽选取茶笋和茶芽作为典型,着重提到:一、带着清晨的露水去采摘。二、晴天无云的时候可采摘。露水未干之前采茶,可以保持茶叶的鲜嫩;要选在晴天采茶,确保茶叶的香气。这是陆羽对制造上等好茶饼的经验总结,直到今天仍在一些茶产区流行着。不过随着人们对茶叶加工研究的日益深入,以及生产茶叶设备等的改进,现在部分地区在阴雨天也采摘茶嫩叶。

关于制茶的时机,陆羽主张在晴天。晴天空气湿度较低,有利于茶叶烘焙及封存等。对于制茶的工序,陆羽总结出制造茶饼的一般流程:"采之,蒸之,捣之,拍之,焙之,穿之,封之。"他仅用十四个字,就生动形象地交代了唐代制作茶饼的全部加工流程。而唐代还制作有觕茶、散茶、末茶等,这些茶的制造工序相对简单些,大体也遵循制作茶饼的部分流程。

陆羽《茶经》重点阐述茶饼品质高下的鉴别。他先举出通过外表来区分茶饼品质的高下,如有人把"胡人靴""犎牛臆""浮云出山""轻飙拂水"等形状茶饼当作上等的,而有人把"竹箨""霜荷"等形状茶饼当作次等的。但陆羽并不只是从茶饼的外部特征来鉴别其品质高下,还在前人评判茶饼品质高下的基础上,提出鉴别茶饼品质的基本原则:"皆言嘉及皆言不嘉者,鉴之上也。"他认为鉴别茶饼的品质要既能指出其好处,又能道出其不好之处。

陆羽《茶经》论述茶叶采摘、制茶工序、鉴别茶饼品质的原则等,这些都对中外茶叶的加工制造及评鉴产生了深远的影响。

凡采茶,在二月、三月、四月之间①。

〔注释〕

①在二月、三月、四月之间:在公历三月中下旬至五月中下旬之间。唐代的历法与现今的农历基本相同,其二月至四月份大致相当现在公历三月中下旬至五月中下旬,这也是当今中国大部分产茶区采摘春茶的时间。

〔译文〕

大概采摘茶嫩叶,在公历三月中下旬至五月中下旬之间。

茶之笋者,生烂石、沃土,长四五寸,若薇、蕨始抽①,凌露采焉②。茶之芽者,发于丛、薄之上③,有三枝、四枝、五枝者,选其中枝颖拔者采焉④。其日有雨不采,晴有云不采。晴,采之,蒸之,捣之,拍之,焙之,穿之,封之,茶之干矣⑤。

〔注释〕

①薇、蕨:两种植物的名。薇,一年生或两年生草本植物,嫩茎和叶可用来做蔬菜,结荚果,其中有种子五六粒。蕨,多年生草本植物,根茎长,

嫩叶可食用,根茎可制作淀粉,其全株亦可入药,其纤维可制作绳缆。此处用来比喻新抽芽的茶嫩叶。

②凌露采焉:趁着清晨露水还在茶叶上没干时采茶嫩叶。宋赵汝砺《北苑别录》:"采茶之法,须是侵晨,不可见日。侵晨则夜露未晞,茶芽肥润。见日则为阳气所薄,使芽之膏腴内耗,至受水而不鲜明。故每日常以五更挝(zhuā)鼓,集群夫子凤凰山,监采官人给一牌入山,至辰刻则复鸣锣以聚之。"

③丛:聚在一起的。薄:土地不肥沃。

④颖拔:顶端挺拔。颖,东西的末端。

⑤茶之干矣:茶饼就干燥了。

〔译文〕

芽头长得肥壮,形状如竹笋的茶嫩叶,生长在岩石经过长期风化而形成的肥沃土壤里,长有四五寸,如果它们长得如同薇、蕨刚刚抽出新嫩芽一样时,就趁着清晨露水还在茶嫩叶上没干时采摘。芽头短而瘦小的茶嫩叶,生长在茶树聚在一起,土壤不肥沃的地方,有的茶树长出三枝、四枝、五枝的茎条,选择其中长得最高而挺拔的茶嫩叶采摘。当天有雨的时候不采摘茶嫩叶,晴天有云的时候也不采摘茶嫩叶。在晴天无云的时候,便可采摘茶嫩叶,将采摘的茶嫩叶放入甑中蒸熟,蒸熟后再把茶嫩叶倒出来用杵臼捣碎,再把捣碎的茶嫩叶放到棬模里拍压成饼形,接着把茶饼焙烤干,穿成串,并密封好,茶叶就干燥了。

茶有千万状，卤莽而言①，如胡人靴者②，蹙缩然京锥文也③；犎牛臆者④，廉襜然⑤；浮云出山者，轮囷然⑥；轻飙拂水者⑦，涵澹然⑧；有如陶家之子罗膏土，以水澄泚之谓澄泥也⑨；又如新治地者，遇暴雨流潦之所经。此皆茶之精腴。有如竹箨者⑩，枝干坚实，艰于蒸捣，故其形籭簁然上离下师⑪；有如霜荷者，茎叶凋沮⑫，易其状貌，故厥状委悴然⑬。此皆茶之瘠老者也。

〔注释〕

①卤莽而言：粗疏地说，大致地说。卤，与"鲁"同，愚拙，蠢笨。

②胡人靴（xuē）：我国古代北部和西部少数民族通常脚上穿着长筒的靴子。

③蹙（cù）：皱缩，收缩。京锥文：吴觉农主编《茶经述评》解释其为箭矢上所刻的纹理，周靖民《茶经校注》解释其为大钻子刻的线纹，日本布目潮沨认为其是一种当时特别流行的纹样。按：京锥文，大觿（xī）的纹理。京锥，即大觿，我国古代用骨、玉等制成的，佩戴在人身上的一种解结锥子。《诗经·国风·卫风》："芄兰之支，童子佩觿。"《毛传》："觿，所以解结，成人之佩也，人君治成人之事，虽童子犹佩觿，早成其德。"《礼记·内则》："左佩小觿，右佩大觿。"郑玄注："觿，貌如锥，以象骨为之。"宋王质《诗总闻》："觿，角锥，文事也。"文，即纹理。

④犎（fēng）牛：又称作封牛、峰牛，一种颈后、肩胛上肉块隆起的野牛。晋郭璞《尔雅注》："犎牛也，领上肉犦（bào）胅（dié）起，高二尺许，如橐（tuó）驼，肉鞍一边，健者日行三百余里。"臆：胸部。

⑤廉襜(chān)然：襜与"幨"同，即廉幨然，筋理绝起有廉棱。《周礼·考工记·弓人》："筋之所由幨。"汉郑玄注："幨，绝起也。"唐贾公彦疏："郑云'幨，绝起也'者，由绝起则廉幨然也。"

⑥轮囷(qūn)：硕大，高大。《礼记·檀弓下》："美哉轮焉。"汉郑玄注："轮，轮囷，言高大。"案：底本原作"菌"，作"囷"，据《说郛》本改。

⑦轻飙(biāo)：轻风，微风。北周王褒《九日从驾诗》："华露霏霏冷，轻飙飒飒凉。"唐侯喜《涟漪濯明月赋》："则安得轻飙暂拂，水镜动于秦台。"

⑧涵澹(dàn)然：水波荡漾起伏的样子。澹，水波起伏、纤缓的样子。

⑨澄(dèng)：沉淀，使液体中的杂质沉到最下面，以便杂质与液体分离。泚(cǐ)：清澈，纯净。澄泥：水澄结的细泥。

⑩箨(tuò)：又称作笋壳，竹笋上一片一片的皮，此处指包裹在竹笋外边的叶子，等其长大渐渐脱落。

⑪籭(shāi)：与"筛"同，俗称作"筛子"，用竹子或金属等做成的一种有孔的工具，可以把细东西漏下去，粗的留下。簁(shāi)：与"筛"同，即"筛子"。按：原注籭簁音为离师，与今音不同。

⑫凋沮(jǔ)：枯萎，衰败，凋谢。

⑬委悴(cuì)：枯萎，枯槁。案：底本原作"萃"，作"悴"，据《说郛》本改。

[译文]

茶饼的形状千姿百态，大致说来，有的像胡人的靴子，皱缩的样子如同用骨、玉等制成的，佩戴在人身上的一种解结锥子纹理；有的像野牛的胸部，筋理绝起有廉棱的样子；有的像飘动的云出山，很高大的样子;有的像轻风拂水,水波荡漾起伏的样子;有的像陶匠筛出的陶土,再用水淘洗澄结的细泥陶匠淘洗的泥土澄结为细泥称为澄泥;有的又像新平整过的土地,遇到暴雨流水的冲刷。这些都是上好的茶饼。有的茶饼像笋壳,枝干坚硬,很难蒸捣,因此它的形状如同"筛子"的样子音为离师;有的茶饼像经霜的荷叶,茎叶枯萎、衰败,改变了原来的相貌,因此,其形状枯槁。这些都是次好的茶饼。

自采至于封,七经目;自胡靴至于霜荷,八等。或以光黑、平正言嘉者,斯鉴之下也;以皱黄、坳垤言佳者①,鉴之次也;若皆言嘉及皆言不嘉者,鉴之上也。何者?出膏者光,含膏者皱;宿制者则黑,日成者则黄;蒸压则平正,纵之则坳垤②。此茶与草木叶一也。茶之否臧③,存于口诀。

〔注释〕

①坳垤(àodié):指茶饼表面凸凹不平。坳,地面最低处。垤,小土堆。

②纵之:放任自然,不拘束。

③否臧(pǐzāng):优劣。否,恶、坏。臧,善、好。

〔译文〕

茶从采摘到封装制作好,共需七道工序;茶饼从像胡人的靴子皱缩的样子到像经霜荷叶般的衰萎状，共分八个等级。有的人把光亮、黑色、平整的茶饼当作好的，这是下等的鉴别方法；有的人把皱缩、黄色、凸凹不平的茶饼当作好的，这是次等的鉴别方法；如果既能从总体上指出茶饼的好处，又能从总体上道出其不好之处，这是最好的鉴别方法。为什么呢？因为压出了茶汁的茶饼表面就光亮，含有茶汁的就皱缩；隔夜制成的茶饼色黑，当天制成的茶饼色黄；蒸后压得紧的茶饼就平整，任其自然，压得不紧的茶饼就凸凹不平。这是茶和草木叶子的共同特性。茶叶质量好坏的鉴别，存有一套口诀。

卷
中

四之器

此章细致地介绍了二十五种煮茶、饮茶等所用到的各种茶器,如果加上茶器的辅助物,一共有二十九种,并具体地说明其材质、尺寸、形状、装饰、功能及其图案等。这些器具涉及煮茶、烤茶、碾茶、筛选和存放茶、量取茶、盛取水、搅茶、存储盐、盛放茶器、清洁茶器等方面。在这些器物中,有大有小,大的如"都篮",小的如"则";有重有轻,重的如"风炉",轻的如"巾",无不一应俱全。这一系列茶器的设计与制作,体现了我国古人的物质追求与精神享受。

饮茶既是一种物质生活需要,也是一种精神文化享受,因而陆羽对茶器的制造与设计要求十分严格,突出强调其实用性与文化性的统一。如"风炉"是煮茶的重要器具,陆羽在设计上不仅使其便于煮茶,还融入他的茶道精神理念。他提出"风炉"设计:形状像古代的鼎,壁厚三分,炉口上的边缘宽九分,使炉腔内空出六分,给其内壁粉刷了。这只是呈现他对"风炉"铸造的外在尺寸、形状等要求。他还提出"风炉"设计要刻写"坎上巽下离于中""体均五行去百疾""圣唐灭胡明年铸"等,这体现出他对"风炉"铸造的精神文化追求。"碗"是饮茶的器具,陆羽经过长期反复比对,认为"碗"越州产的最好,这种"碗"口唇不卷边,底部卷边而浅,容量不超过半升,且其又指出越州产的瓷为青色,而青色能增益茶的汤色。他既追求饮茶的"碗"外形美观、质地优良、使用便捷等,也讲究盛茶的"碗"与茶色浑然一体,把审美元素、文化因素等融入茶器使用之中。

在茶器材质的选取上,陆羽不仅考虑经济实惠、经久耐用等,践行"精、行、俭、德"之精神,还追寻茶器与自然的和谐统一。如他选取铸造"镬"的铁为"耕刀之趄",即使用损坏了的、不能再用的犁头作为制"镬"的材料;且对于铸造"镬","洪州以瓷为之,莱州以石为之",他提出:"瓷与石皆雅器也,性非坚实,难可持久。"又如他摘取"夹"的制作原材,"以小青竹为之",他特别指出用"小青竹"作为"夹"的益处:"彼竹之筱,津润于火,假其香洁以益茶味。"用原生态的"小青竹"来炙烤茶饼,这有助于把青竹的香味融进茶饼之中,也体现茶器运用与炙茶的浑然一体。类似如此制作的茶器,还有许多,就不一一列举了。

在茶器尺寸、形状、装饰、功能及其图案等方面,陆羽也对各器具做了或多或少的说明。如"筥"本是煮茶烧炭时的辅助器具,他说:"(筥)高一尺二寸,径阔七寸。或用藤,作木楦如筥形织之,六出圆眼。其底盖若利箧口,铄之。"他把"筥"的尺寸、形状等介绍得较详尽。"漉水囊"是在煮茶时用的储水器具,他说:"(漉水囊)其囊,织青竹以卷之,裁碧缣以缝之,纽翠钿以缀之。"

陆羽《茶经》首次列出一整套茶具,并系统地叙述其制作及功用等,他认为制作、择取这些器具,要遵循的根本原则就是实用美观。且这些专门茶具的出现,亦说明茶艺在唐代已经成为一种潮流,也是我国古代茶业发展成熟的重要标志之一。

风炉_{灰承}	筥	炭挝	火筴	鍑
交床	夹	纸囊	碾_{拂末}	罗合
则	水方	漉水囊	瓢	竹筴
鹾簋_揭	熟盂	碗	畚_{纸帊}	札
涤方	滓方	巾	具列	都篮^①

〔注释〕

①灰承是风炉的辅助物,拂末是碾的辅助物,揭是鹾簋的辅助物,纸帊是畚的辅助物。以上是茶器的目录,共列有二十五种,然《九之略》记载"但城邑之中,王公之门,二十四器阙一,则茶废矣"。此处"二十四器"与目录列有二十五种茶器明显有异,也许陆羽把筥与畚合为一器,其在叙述畚时说:"畚,以白蒲卷而编之,可贮碗十枚。或用筥。"案:底本原无"火筴",今据《说郛》本增。揭,底本原作"楬",作"揭",据《说郛》本改。底本原无"纸帊",今据"畚"条增。底本原无"滓方",今据《说郛》本增。

〔译文〕

风炉_{灰承}	筥	炭挝	火筴	鍑

交床	夹	纸囊	碾拂末	罗合
则	水方	漉水囊	瓢	竹筴
鹾簋揭	熟盂	碗	畚纸帊	札
涤方	滓方	巾	具列	都篮

风炉灰承

　　风炉，以铜、铁铸之，如古鼎形，厚三分，缘阔九分，令六分虚中，致其杇墁①。凡三足，古文书二十一字②。一足云："坎上巽下离于中③。"一足云："体均五行去百疾④。"一足云："圣唐灭胡明年铸⑤。"其三足之间，设三窗。底一窗以为通飙漏烬之所。上并古文书六字，一窗之上书"伊公"二字⑥，一窗之上书"羹陆"二字，一窗之上书"氏茶"二字，所谓"伊公羹，陆氏茶"也。置墆㙇于其内⑦，设三格。其一格有翟焉⑧，翟者，火禽也，画一卦曰离；其一格有彪焉⑨，彪者，风兽也，画一卦曰巽；其一格有鱼焉，鱼者，水虫也⑩，画一卦曰坎。巽主风，离主火，坎主水，风能兴火，火能熟水，故备其三卦焉。其饰，以连葩、垂蔓、曲水、方文之类⑪。其炉，或锻铁为之⑫，或运泥为之。其灰承，作三足铁柈台之⑬。

〔**注释**〕

①杇墁（wūmàn）：涂抹墙壁，粉刷墙壁，此处指粉刷风炉的内壁。杇，抹墙，粉刷。墁，墙壁上的一种涂饰。

②古文：先秦文字，泛指甲骨文、金文、石鼓文、籀文以及战国时通行于六国的文字等。

③坎上巽（xùn）下离于中：坎卦在上，巽卦在下，离卦在中间。坎、巽、离都是八卦及六十四卦的卦名之一。坎的卦形为"☵"，象水；巽的卦形为"☴"，象风；离的卦形为"☲"，象火。在煮茶的时候，一般将坎水放在锅的里面，而巽风从炉子底部进入，助力离火燃烧。

④五行：为水、火、金、木、土五种物质。我国古代将构成宇宙万物的五种元素称为五行，以此解释天地万物的起源、构成及变化等。《尚书·甘誓》："有扈氏威侮五行。"唐孔颖达《疏》："五行，水、火、金、木、土也。"

⑤圣唐灭胡明年铸：唐朝在763年平定安禄山、史思明等八年叛乱的次年铸造。灭胡，一般指唐代宗广德元年（763）彻底平定安禄山、史思明等八年叛乱。按：陆羽的风炉铸造是在"圣唐灭胡明年"，也就是在764年，据此可知，《茶经·四之器》可能写成在764年或之后。

⑥伊公：名阿衡，一说名挚。他出身寒微，有莘氏女嫁商汤，其作为陪嫁媵臣事汤。传说他擅长烹调煮羹，"负鼎操俎调五味而立为相"，人们称其为"伊公羹"。其受汤赏识，后被任以国政，担任大尹（宰相），助汤改革政治、发展经济、攻灭夏桀、建立商朝。在汤去世后，其历佐外丙、仲壬二君。在仲壬死后，汤孙太甲立，荒淫残暴，不理国政，其放逐太甲于桐，后太甲悔改，于是接回他复位。其在沃丁时病卒。

⑦墆㙓（dìniè）：放在炉膛内靠底部位置的炉算子。墆，底。㙓，小山。

⑧翟(dí)：又叫作雉，长尾巴的山鸡。我国古代一般认为野鸡属于火禽。

⑨彪：小老虎。我国古代一般认为虎从风，故把虎归为风兽的一种。

⑩水虫：水生动物的统称。

⑪连葩(pā)：连缀花朵的图案。葩，花。垂蔓：垂挂蔓草的图案。曲水：水环曲的图案。方文：方形花纹的图案。

⑫锻铁：打铁。

⑬柈(pán)：与"盘"同，即盘子。台：器物的座子，此处指带有三只脚的铁盘座子。

[译文]

　　风炉，用铜或铁铸成的，形状像古代的鼎，壁厚三分，炉口上的边缘宽九分，使炉腔内空出六分，并把内壁粉刷了。风炉有三只脚，上面用古文写有二十一个字。一只脚上写"坎上巽下离于中"，一只脚上写"体均五行去百疾"，一只脚上写"圣唐灭胡明年铸"。在风炉三只脚之间设置三个窗口。风炉底下一个窗口是用来通风漏灰烬的地方。三个窗口上合在一起用古文书写六个文字，一个窗口上书写"伊公"二字，一个窗口上书写"羹陆"二字，一个窗口上书写"氏茶"二字，所说的意思就是"伊公羹，陆氏茶"。风炉膛内靠底部的地方放置炉箅子，设立三个格。一格上有只长尾巴山鸡的图形，野鸡是火禽，刻画一离卦。一格上有头小老虎的图形，虎是风兽，刻画一巽卦。一格上有条鱼的图形，鱼是水虫，刻画一坎卦。巽卦象表示风，离卦象表示火，坎卦象表示水。风能使火燃烧旺盛，火能把水煮开，因此设置这三卦。风炉用连缀花朵、垂挂蔓草、水环曲、方形花纹等图案来装饰。风炉的炉壁有打铁铸造的，也有运来泥巴做的。风炉的灰承是带有三只脚的铁盘，用来承接炉灰。

筥

筥，以竹织之，高一尺二寸，径阔七寸。或用藤作木楦①，如筥形，织之六出圆眼②。其底、盖若利箧口③，铄之④。

〔注释〕

①木楦(xuàn)：木架子。楦，制作鞋、帽等所用的模型。

②织之六出圆眼：编织出六角形的圆洞眼。六出，花开六个瓣的以及雪花结晶成六角形的都叫作六出。此处指用竹条。案：圆，底本原作"固"，作"圆"据《说郛》本改。

③利箧(qiè)：竹制的箱子。利，当作"筣"，一种小竹子。箧，箱、笼子一类的东西。

④铄(shuò)：磨削平整、光滑。

〔译文〕

筥，是用竹子编制而成的，高一尺二寸，直径宽七寸。有的用树藤制作木架子，如同筥形，编织出六角形的圆洞眼。筥的底和盖就像竹制的箱子的口部，磨削得平整、光滑。

炭挝①

炭挝,以铁六棱制之,长一尺,锐一丰中②,执细头系一小锯③,以饰挝也,若今之河陇军人木吾也④。或作锤,或作斧,随其便也。

〔注释〕

①炭挝(zhuā):用来碎炭的铁棒。

②锐一丰中:指铁挝一端尖锐,中间粗大。一,有版本作"上"。

③锯(zhǎn):炭挝上端灯盘状的装饰物。

④河陇:指河西及陇右地区。河西,又称作河右,泛指黄河以西之地,春秋战国时大致相当今山西、陕西两省黄河南段之西,汉唐时大致相当今甘肃、青海两省黄河以西,也就是河西走廊、湟水流域。陇右,我国古代以西为右,故名,泛指陇山以西地区,大致相当今甘肃陇山、六盘山以西、黄河以东一带。木吾:木棒。汉代木吾为御史大夫、司隶校尉、郡守、都尉、县长等所用。到了唐代,木吾为军人使用。宋吴仁杰《两汉刊误补遗》:"汉制,金吾、木吾……御史大夫、司隶校尉、郡守、都尉、县长之属皆以木为吾。"

〔译文〕

炭挝,用六棱形的铁棒做成,长一尺,一端尖锐,中间粗大,手握细头处拴上一个小锯,作为其装饰物,就像现在河西、陇右地区的军人所使用的木棒。有的炭挝做成锤形，有的炭挝做成斧形，各随其便。

火　筴

火筴，一名筯①，若常用者，圆直一尺三寸，顶平截，无葱台、勾锁之属②，以铁或熟铜制之。

〔注释〕

①筯(zhù)：与"箸"同，筷子，此处指形似筷子的火筴子。

②无葱台、勾锁之属：指火筴头没有葱台、勾锁之类的装饰物。

〔译文〕

火筴，又称作筯，如果是经常使用的，形状圆而直径长一尺三寸，顶端平齐，没有葱台、勾锁之类的装饰物，用铁或者熟铜制作。

鍑音辅，或作釜，或作鬴①

鍑，以生铁为之。今人有业冶者，所谓急铁②。其铁以耕刀之趄③，炼而铸之。内模土而外模沙④。土滑于内，易其摩涤；沙涩于外，吸其炎焰。方其耳，以正令也⑤。广其缘，以务远也⑥。长其脐，以守中也⑦。脐长，则沸中⑧；沸中，则末易扬；末易扬，则其味淳也。洪州以瓷为之⑨，莱州以石为之⑩。瓷与石皆雅器也，性非坚实，难可持久。用银为之，至洁，但涉于侈丽。雅则雅矣，洁亦洁矣，若用之恒，而卒归于银也⑪。

〔注释〕

①䥶(fǔ)：与"釜"同，我国古代的一种炊具，与当今的锅类似。

②急铁：即生铁。

③耕刀之趄(qiè)：指歪曲了的犁头。耕刀，犁头。趄，倾斜。

④内模土而外模沙：用土制作锼的内模，用沙制作锼的外模。

⑤以正令也：使其端正。

⑥"广其缘"两句：锼顶口部的边缘要宽一点，便于水沸腾时有足够的空间不溢出。

⑦"长其脐"两句：锼的脐部要长一点，这样可以使火力集中在锼中心。

⑧"脐长"两句：锼脐部长，就会在其中心地方沸腾。

⑨洪州：因州治内有洪崖井得名，隋开皇九年(589)改豫章郡置，治所在豫章县(今江西南昌西)，大业二年(606)复为豫章郡。唐武德五年(622)又改为洪州，贞观中，徙治今江西南昌市，天宝元年(742)再改为豫章郡，乾元元年(758)复为洪州，为江南西道治，宝应元年(762)州治改名钟陵县，贞元中复改名南昌县，辖境大致东起今江西永修、南昌、进贤等地，西有铜鼓、修水等地，南至上高、万载等地，北至武宁县。洪州洪窑出产黄黑色名瓷，《旧唐书·韦坚传》："豫章郡船，即名瓷、酒器、茶釜、茶铛、茶碗。"

⑩莱州:隋开皇五年(585)改光州置,治所在掖县(今山东莱州),大业初改为东莱郡。唐武德四年(621)复为莱州,天宝元年(742)改为东莱郡,乾元元年(758)复为莱州,辖境大致相当今山东莱州、莱阳、即墨、平度、莱西、海阳等地。《新唐书·地理志》:"莱州东莱郡中,土贡赀布、水葱席、石器、文蛤、牛黄。"

⑪而卒归于银也:最终还是银制的锼好。

〔译文〕

锼,一般用生铁制作而成。生铁是现在炼铁人常说的急铁。把坏了不能再用的犁头熔炼成铁,再用其铸造茶锼。在铸造茶锼时,用土制作其内模,用沙制作其外模。土质内模,使锼的内壁光滑,容易洗刷;沙质外模,使锼的外壁粗糙,容易吸收火焰的热量。锼耳做成方形,以方便其放置端正。锼顶口部的边缘要宽一点,以便于水沸腾时有足够的空间不溢出。锼的脐部要长一点,这样可以使火力集中在锼中心。锼脐部长,就会在其中心地方沸腾;水在锼中心沸腾,茶末就容易沸扬;茶末容易沸扬,则茶水味道就淳美。洪州用瓷制作锼,莱州用石制作锼。瓷锼和石锼都是雅致好看的器具,但其性能不坚固实用,很难长期使用。用银制作锼,非常清洁,但牵涉奢侈华丽。雅致固然雅致,清洁确实清洁,如果要长久使用,终归还是用银铸造的茶锼好。

交 床①

交床,以十字交之,剜中令虚②,以支锼也。

　　①交床：又称作胡床、交椅、绳床，此处指我国古代一种有靠背、可以折叠起来的便利坐具。

　　②剜（wān）：刻削，挖削。

〔译文〕

　　交床，用十字交叉的把中间挖空，用来支撑茶镜。

夹

　　夹，以小青竹为之，长一尺二寸。令一寸有节，节已上剖之，以炙茶也。彼竹之筱①，津润于火，假其香洁以益茶味②，恐非林谷间莫之致。或用精铁、熟铜之类，取其久也。

〔注释〕

　　①筱（xiǎo）：俗称作竹子。此处指小青竹。

　　②"津润于火"两句：把小青竹放在火上炙烤，利用其清香和洁净的竹液来助益茶的香味。

〔译文〕

　　夹，用小青竹制成，长一尺二寸。小青竹选一头一寸长有竹节的，从竹节以上剖开，用来夹茶饼炙烤。这样把小青竹放在火上炙烤，利用其清香和洁净的竹液来助益茶的滋味，恐怕不在山林之间炙茶，很难获得这种小青竹。有的利用精铁、熟铜等类的材料来制作茶夹，选择其经久耐用。

纸　囊

纸囊，以剡藤纸白厚者夹缝之①。以贮所炙茶，使不泄其香也。

〔注释〕

①剡（shàn）藤纸：又称作剡纸、藤角纸。浙江剡县（今浙江嵊州）用藤本植物作为原料制成的纸，以质地薄、轻、韧、细、白而著称，为唐代贡品。晋张华《博物志》："剡溪古藤甚多，可造纸，故即名纸为剡藤。"唐李肇《唐国史补》："纸则有越之剡藤。"

〔译文〕

纸囊，用又白又厚的剡藤纸从中间折叠而制成。用来贮放炙烤好的茶饼，使其香气不泄失。

碾拂末①

碾，以橘木为之，次以梨、桑、桐、柘为之②。内圆而

外方。内圆备于运行也，外方制其倾危也。内容堕而外
无余木③。堕，形如车轮，不辐而轴焉④。长九寸，阔一
寸七分。堕径三寸八分，中厚一寸，边厚半寸。轴中方
而执圆⑤。其拂末，以鸟羽制之。

〔注释〕

①拂末：一种用于收集茶碾或茶罗上茶末的羽毛刷，也可用于清扫茶
器。唐代拂末一般用鸟的羽毛制作而成，宋代及其之后，多用棕制作。

②柘(zhè)：又称作柘树、桑橙，为桑科植物，落叶灌木或小乔木。其
叶子呈倒卵状椭圆形、椭圆形或长椭圆形，可以喂蚕，亦具有清热解毒的
药效。其果实为球形，全体呈橘黄色或棕红色，成熟果实主治跌打损伤。
其木汁能够染赤黄色，木质坚韧而密致，是贵重的木料。之：底本原作
"曰"，作"之"据《说郛》本改。

③堕：碾轮，碾磙子。

④辐(fú)：凑集在车轮中心毂(gǔ)上，用来支撑轮圈的直木。轴：贯
穿在车轮毂中，用于维持车轮旋转的圆柱形长杆。

⑤执：持，手握。

〔译文〕

茶碾，用橘树木料制作，其次是用梨树木料、桑树木料、桐树
木料、柘树木料制作。茶碾内圆外方。内圆能够一直周而复始
地运转，外方能够防止其翻倒。茶碾槽内恰好容下一个碾轮，外
边不留下多余的木料。碾轮，形状貌似车轮，没有车辐，中心直

接安置一根轴。轴长九寸,宽一寸七分。碾轮的直径三寸八分,中间厚一寸,边缘厚半寸。轴中间是方的,手握的地方是圆的。茶碾的拂末,是用鸟的羽毛制作成的。

罗　合①

罗末,以合盖贮之,以则置合中。用巨竹剖而屈之,以纱绢衣之②。其合以竹节为之,或屈杉以漆之,高三寸,盖一寸,底二寸,口径四寸。

〔注释〕

①罗合:用竹编制而成的茶筛与茶盒。
②衣:蒙覆在器物表面的衣布。

〔译文〕

用茶罗筛好茶末,放在盒中盖好贮藏起来,把量器茶则放置在盒中。茶罗,把大竹剖开弯曲成圆形,用纱绢包在罗底上。茶罗的盒用竹节部分制成,有的把杉树木料弯曲成圆形油漆而制成,茶罗的盒高三寸,盖高一寸,底盒二寸,口径四寸。

则

则,以海贝、蛎蛤之属,或以铜铁、竹匕、策之类①。

则者，量也，准也，度也。凡煮水一升，用末方寸匕②。若好薄者，减之，嗜浓者，增之，故云则也。

〔注释〕

①竹匕：竹勺。匕，曲柄浅斗，形状与当今用的羹匙、勺子类似，我国古代取食物或药物等时用的一种器具。策：竹片，木片。

②方寸匕：一寸见正方的匙匕。

〔译文〕

则，用海贝、蛤蜊之类的贝壳制成，有的用铜铁、竹勺、竹片制成。则是计量用的，是计量准则，是计量单位。一般来说，烧一升的水，用一寸见正方的匙匕来量取茶末。如果喜欢喝淡茶，就减少茶末用量；如果喜欢喝浓茶，就增加茶末用量，因此命名为则。

水　方

水方，以椆木、槐、楸、梓等合之①。其里并外缝漆之，受一斗。

〔注释〕

①椆（chóu）木：为壳斗科常绿乔木，树皮呈灰黑色或灰褐色，厚实。其木红黄色，遇寒不凋，质地坚硬、肌理细腻、百年不朽，可用于制作家具、

车船等。楸(qiū)：为紫葳科，落叶乔木。其叶呈三角状卵形或卵状长椭圆形，花冠白色带紫色斑点，木材质地致密、耐湿，可用于制作模型、车船等。梓(zǐ)：为紫葳科，落叶乔木。其叶子对生或三枚轮生，叶片阔卵形，花浅黄白色。其果实、树皮等可以入药。其木材质地柔软、耐腐蚀，可用于制作家具、乐器等。

〔译文〕

水方，用椆树、槐树、楸树、梓树等木料一起制作而成。水方里面和外面的缝隙都用油漆涂抹，容量为一斗。

漉水囊①

漉水囊，若常用者，其格以生铜铸之，以备水湿，无有苔秽、腥涩意②。以熟铜苔秽，铁腥涩也。林栖谷隐者，或用之竹木。木与竹非持久涉远之具，故用之生铜。其囊，织青竹以卷之，裁碧缣以缝之③，纽翠钿以缀之④。又作绿油囊以贮之⑤。圆径五寸，柄一寸五分。

〔注释〕

①漉(lù)：滤过，渗透。

②苔秽：熟铜遇水之后，会生成像苔藓一样的污秽物质，这种物质有毒，对人体有害。腥涩：铁遇水之后，会生成紫红色的腥涩物质，这种物质闻到有腥味，尝到有涩味，对人体亦有害。

③缣(jiān):双丝织成的细绢。

④纽翠钿(tián):纽扣上用翠玉制作成的装饰物。翠钿,用翠玉制作成的首饰或装饰物。

⑤绿油囊:绿色涂有油的绢子做成的可防水的袋子。

〔译文〕

漉水囊,如果是经常使用的,其框架用生铜铸造,这是为了防备沾水,希望不会生成像苔藓一样的污秽物质、紫红色的腥涩物质。其框架用熟铜铸造,遇水之后,会生成像苔藓一样的污秽物质,其框架用铁铸造,遇水之后,会产生紫红色的腥涩物质。在林中居住、山谷隐居的人,有的用竹、木制作漉水囊的框架。但竹、木制作的既不耐用,又不便于携带远行,因此,其框架用生铜铸造。漉水囊的袋子,编织青竹裹成圆筒形,裁剪碧绿色双丝织成的细绢缝制,纽扣上用翠玉制作成的装饰物点缀。再用绿色涂有油的绢子做成可防水的袋子,用来贮放漉水囊。漉水囊的圆径五寸,柄长一寸五分。

瓢

瓢,一曰牺杓①,剖瓠为之②,或刊木为之。晋舍人杜育《荈赋》云③:"酌之以匏④。"匏,瓢也。口阔,胫薄,柄短。永嘉中⑤,余姚人虞洪入瀑布山采茗⑥,遇一道士,云:"吾,丹丘子⑦,祈子他日瓯牺之余⑧,乞相遗也⑨。"牺,木杓也。今常用,以梨木为之。

〔注释〕

①牺杓(xīsháo):又称作瓢,烹茶时取茶水或分茶水用的器具,多用对半剖开的匏瓜或木头制成。牺,旧读 suō,我国古代在尊腹刻画牛形的酒器。杓,一种有柄的可以舀取东西的器具。

②匏(hú):又称作扁蒲、葫芦,一年生草本植物,有茎蔓,夏天开白花,果实长圆形,嫩时可食用。

③杜育:字方叔,西晋襄城邓陵人,是杜袭的孙子,幼号"神童"。等到年纪大了后,其美风姿,有才藻,被时人称曰"杜圣"。其在晋惠帝时,归附贾谧,为"二十四友"之一。其在赵王司马伦败后,被收付廷尉。后又累迁国子祭酒、汝南太守。《荈赋》:杜育记述茶事、称赞茶的著作,原文已经散佚,现从《艺文类聚》《太平御览》《北堂书钞》等书中辑佚出二十余句,该赋生动地描写了茶的产地与生长环境、茶嫩叶的采摘时间、烹茶用水和茶器的选择及其茶的冲泡等。

④匏(páo):又称作瓢葫芦,为瓜科一年生草本植物,果实比葫芦大,成熟后可以从中间剖开,用来做瓢。

⑤永嘉:晋怀帝的年号,307 年至 312 年。

⑥余姚:在今浙江。唐天宝元年(742)改明州置,治所在鄮县(今浙江宁波鄞州区西南),辖境大致相当今浙江宁波、慈溪、奉化等地,以及舟山群岛,乾元元年(758)复改明州。

⑦丹丘子:陆藏用《神告录》中的人物。宋李昉《太平广记·神七》:"兖州人丹丘子。……出陆藏用《神告录》。"丹丘,我国古代神话传说中的仙人居住场所,没有黑夜。战国屈原《楚辞·远游》:"仍羽人于丹丘兮,留

不死之故乡。"

⑧瓯(ōu)牺:杯杓,此处指用来喝茶的杯杓。瓯,杯、碗之类的饮器。

⑨遗(wèi):馈赠,给予。

〔译文〕

瓢,又称作牺杓,剖开匏瓜制作而成,或者用木头凿刻而成。晋朝中书舍人杜育在《荈赋》里说:"用瓢舀取。"匏,就是瓢葫芦。其瓢口宽阔,身薄,柄短。晋朝永嘉年间,余姚人虞洪到瀑布山采茶,遇见一位道士,对他说:"我是丹丘子,你哪天牺杓中有多余的茶,祈求能够送些给我喝。"牺,就是木杓。现在经常使用的木杓,是用梨树木料制成的。

竹 筴

竹筴,或以桃、柳、蒲葵木为之,或以柿心木为之。长一尺,银裹两头。

〔译文〕

竹筴,有的用桃树木料、柳树木料、蒲葵树木料做成,有的用柿树心木料做成。竹筴长一尺,用银包裹两头。

鹾簋揭①

鹾簋,以瓷为之。圆径四寸,若合形,或瓶,或罍②,

贮盐花也。其揭，竹制，长四寸一分，阔九分。揭，
策也③。

〔注释〕

①醝簋(cuóguǐ)：一种盛放盐的器具。醝，味道咸的盐。簋，我国古代用来盛物的椭圆形器具。揭，一种用竹片做成的取盐工具。

②罍(léi)：酒樽。我国古代一种盛酒的容器，口较小，腹较深，有盖子，有的上面刻有云雷纹，多用青铜或陶土制成的。

③策：我国古代用来记事的竹片、木片等，把它们编在一起称作"策"。此处指用来取盐的片状工具。

〔译文〕

醝簋，用瓷制作。其圆径四寸，像盒子的形状，有的像瓶形，有的像壶形，用来贮放盐花的。揭，用竹制成，长四寸一分，宽九分。揭，是用来取盐的片状工具。

熟　盂

熟盂，以贮熟水，或瓷，或沙，受二升。

〔译文〕

熟盂，用来贮存开水，有的用瓷制作，有的用陶土制作，容量二升。

碗

碗,越州上①,鼎州次②,婺州次③,岳州次④,寿州、洪州次⑤。或者以邢州处越州上⑥,殊为不然。若邢瓷类银,越瓷类玉,邢不如越一也;若邢瓷类雪,则越瓷类冰,邢不如越二也;邢瓷白而茶色丹,越瓷青而茶色绿,邢不如越三也。晋杜育《荈赋》所谓:"器择陶拣,出自东瓯。"瓯,越也。瓯,越州上,口唇不卷,底卷而浅,受半升已下。越州瓷、岳瓷皆青,青则益茶。茶作白、红之色。邢州瓷白,茶色红;寿州瓷黄,茶色紫;洪州瓷褐,茶色黑;悉不宜茶。

〔注释〕

①越州:隋大业元年(605)改吴州置,治所在会稽县(今浙江绍兴),大业三年改为会稽郡。唐武德四年(621)复改越州,天宝、至德间又改为会稽郡,乾元元年(758)复改为越州。辖境大致相当今浙江浦阳江(浦江县除外)、曹娥江、甬江流域。越州在唐代因盛产青色瓷器而名闻天下,该种瓷器通体透明、莹润如玉,是青瓷中的极品。此处越州指所在的越窑。唐陆龟蒙《秘色越器》:"九秋风露越窑开,夺得千峰翠色来。好向中宵盛沆瀣,共嵇中散斗遗杯。"

②鼎州:唐天授二年(691)置,治所在永安县(今陕西泾阳北),久视元年(700)废。天祐三年(906)复置,治所在治美原(今陕西富平东北)。辖

境大致相当今陕西三原、泾阳、礼泉等地。此处鼎州指所在的鼎窑。清蓝浦《景德镇陶录》:"唐代鼎州烧造,即今西安府之泾阳县也。陆羽《茶经》推鼎州瓷碗,次于越器,胜于寿、洪所陶。"

③婺州:隋开皇九年(589)分吴州置,治所在吴宁县(今浙江金华),大业初改为东阳郡,辖境大致相当今浙江省金华、兰溪、永康、义乌、武义、衢州、开化、常山、东阳、江山、浦江和江西省玉山等地。唐武德四年(621)复置婺州,天宝元年(742)又改为东阳郡,乾元元年(758)复为婺州,辖境大致相当今浙江省金华、兰溪、永康、义乌、武义、浦江、东阳等地。此处婺州指所在的婺窑。

④岳州:隋开皇九年(589)改巴州置,治所在巴陵县(今湖南岳阳),大业初改为罗州,不久,又改为巴陵郡。唐武德四年(621)又改为巴州,武德六年复为岳州,天宝元年(742)改为巴陵郡,乾元元年(758)复为岳州,辖境大致相当今湖南洞庭湖东、南、北沿岸各地。此处岳州指所在的岳窑,岳窑在唐代以出产青瓷闻名于世。

⑤寿州:隋开皇九年(589)改扬州置,治所在寿春县(今安徽寿),大业三年(607)改为淮南郡。唐武德三年(620)复为寿州,天宝元年(742)改为寿春郡,乾元元年(758)复为寿州。辖境大致相当今安徽省淮南、寿县、六安、霍山、霍邱等地。此处寿州指所在的寿窑,寿窑主要生产一种黄色的瓷器。

⑥邢州:以邢国为名,隋开皇十六年(596)置,治所在龙冈县(今河北邢台),大业三年(607)改为襄国郡。唐武德元年(618)复为邢州,天宝元年(742)改为巨鹿郡,乾元元年(758)复为邢州。辖境大致相当今河北巨鹿、广宗等县以西,泜河以南,沙河以北地区。此处邢州指所在的邢窑,邢窑以烧制白瓷佳品而闻名于世。邢窑窑器胎质细洁,釉色白润,为唐代北方地区诸窑的代表,被定为贡品。唐李肇《唐国史补》:"内丘白瓷瓯,端溪

紫石砚,天下无贵贱,通用之。"

[译文]

　　碗,越州越窑产的品质为上等,鼎州鼎窑产的品质为次等,婺州婺窑产的品质为次等,岳州岳窑产的品质为次等,寿州寿窑、洪州洪窑产的品质差些。有的人认为邢州邢窑产的品质比越州的好,完全不是这样。如果说邢窑瓷类似银,那么越窑瓷就类似玉,这是邢窑瓷不如越窑瓷的第一点;如果说邢窑瓷类似雪,那么越窑瓷就类似冰,这是邢窑瓷不如越窑瓷的第二点;邢窑瓷色白,使茶汤呈红色,越窑瓷色青,使茶汤呈绿色,这是邢窑瓷不如越窑瓷的第三点。晋代杜育在《荈赋》里说:"挑拣陶瓷器皿,好的出自东瓯。"瓯就是越州。瓯也是器具名,越州产的碗最好,其口唇不卷边,底部卷边而浅,容量不超过半升。越州越窑瓷、岳州岳窑瓷都是青色的,青色能增益茶的汤色。茶汤呈现白色、红色。邢州邢窑瓷色白,使茶汤呈现红色;寿州寿窑瓷色黄,使茶汤呈现紫色;洪州洪窑瓷色褐,使茶汤呈现黑色;这些都不适宜盛茶。

畚纸帊[①]

　　畚,以白蒲卷而编之[②],可贮碗十枚。或用筥。其纸帊,以剡纸夹缝,令方,亦十之也。

①畚(běn):又称作草笼,用白菖蒲做成的盛物器具。纸帊(pà):套在茶碗上的工具。帊,与"帕"同,包裹东西的布或绸,多为方形。

②白蒲:又称作白菖蒲、水菖蒲、茎蒲、蒲剑、家菖蒲、臭蒲、大叶菖蒲、土菖蒲等,为天南星科菖蒲属多年生草本植物。其叶基生、绿色、剑状线形,其花黄绿色,花期在二月至九月,其根茎肥白。可以作为防疫驱邪的草药,一些地区在端午节时有插放菖蒲叶于檐下的习俗。其根、茎、叶等皆可入药。南朝梁陶弘景《神农本草经集注》:"在下湿地,大根者名昌阳。真昌蒲,叶有脊,一如剑刃,四月、五月亦作小厘花也。"

〔译文〕

畚,用白菖蒲根茎裹成圆筒形而编成,可以贮放十只碗。有的用竹筥当作畚。畚的纸帊,用剡藤纸从中间折叠成方形,也制成十个。

札

札,缉栟榈皮①,以茱萸木夹而缚之,或截竹束而管之,若巨笔形。

〔注释〕

①缉:把棕榈、麻等皮析成缕连接起来。

札,把棕榈皮析成缕连接起来,再夹紧茱萸茎干捆绑起来,有的砍取竹枝捆在一起成圆管,形状像一支巨大的毛笔。

涤 方

涤方,以贮涤洗之余,用楸木合之,制如水方,受八升。

〔译文〕

涤方,用来贮放洗涤茶器多余的水,用楸树的木料制成方形,制法如同水方一样,容量为八升。

滓 方

滓方,以集诸滓,制如涤方,处五升。

〔译文〕

滓方,用来收集各种茶渣,制作的方法如同涤方一样,容量为五升。

巾

巾,以绝布为之^①,长二尺,作二枚,互用之,以洁诸器。

〔注释〕

①绝(shī):一种粗绸。

〔译文〕

巾,用粗绸布料做成,长二尺,制作两块,可以互换使用,用来清洁各种茶器。

具　列

具列,或作床^①,或作架。或纯木、纯竹而制之。或木,或竹,或:底本原作"法",作"或"据《说郛》本改。黄黑可扃而漆者^②。长三尺,阔二尺,高六寸。具列者,具列:底本原作"其到",作"具列"据《说郛》本改。悉敛诸器物,悉以陈列也。

〔注释〕

①床:放置器物像床的支架或几案等。

②可扃(jiōng)：可以从外关闭。扃，从外面关闭门窗、箱柜等的插关。

〔译文〕

　　具列，有的做成几案形，有的做成木架形。有的纯用木材制成，有的纯用竹子制成。或者木竹兼用而制成，漆成黄黑色，可以从外关闭。其长三尺，宽二尺，高六寸。具列的意思是收集齐全各茶器，并把它们全都陈设排列。

都　篮

　　都篮，以悉设诸器而名之。以竹篾内作三角方眼，外以双篾阔者经之①，以单篾纤者缚之，递压双经，作方眼，使玲珑。高一尺五寸，底阔一尺，高二寸，长二尺四寸，阔二尺。

〔注释〕

　　①经：丝织的纵线。

〔译文〕

　　都篮，是因用来陈设齐全各茶器而得名的。由竹篾把其内部编成三角形或方状孔洞，外部用两道宽竹篾作为经线，再用细小的薄竹篾作为纬线绑缚，顺着次序编压住两道宽篾做的经线，织成方眼状，使其精巧玲珑。其高一尺五寸，底部宽一尺，底部高二寸，底部长二尺四寸，宽两尺。

卷
下

五之煮

　　本章全面地阐述了煮茶的整个流程,首先重点说明了烤茶、碾茶的一般程序,其次评鉴了炭火、水品等的选取,再次描述了煮茶、分茶等的步骤,最后论述了"茶性"。

　　烤茶是唐朝人煮茶之前的必要准备。陆羽在"炙茶"部分,不仅详尽地介绍了烤茶的一般程序,还言简意赅地提出用火烤茶和太阳热晒茶的遵循准则:"火干者,以气熟止;日干者,以柔止。"实际上,这种烤茶方式,还是为了便于碾茶。茶饼在受热之后,会变得柔软一些,这样就易于把茶饼碾末。不过宋代以后,人们多饮用叶茶,"炙茶"这一工序就显得不太重要了。唐朝人对煮茶燃料及水品的选择十分讲究。陆羽提出煮茶最好用炭作为燃料,其次就是用桑树、槐树、桐树、栎树等火力强劲的木柴作为燃料。炭火没有烟气,火劲又大,非常适合煮茶,但木炭如果沾染腥膻油腻气味的,就不宜用来煮茶了;有油脂的木材和陈腐的木制器物等也不宜用来煮茶。他认为用这些做燃料,都会污染煮的茶。陆羽的这一认识,直到今天仍然具有参考价值。虽然大多数产茶区的人们加工茶叶早已经利用机器了,但是一些人制作传统的手工茶,多用炭火来烘焙茶叶。在选择煮茶之水方面,陆羽把水分为三个类型,提出"山水上,江水次,井水下"。他选取这三类水的标准:一、山水要选泉水或石池漫流的水;二、江水要选远离人群的;三、井水要选人们经常用的。煮茶的山水侧重在水的流动性、清洁度以及蕴含的矿物质等,煮茶的江水尽量选取没有人污染的,煮茶的井水则要选取人们经常用的。他对煮茶之水的论述,开启了后世对此的一系列争论,唐张又新《煎茶水记》、宋欧阳修《大明水记》、明徐献忠《水品》、清汤蠹仙《泉谱》等都是对其论述的深入探讨。当今在水污染日益严重和不少地区水资源匮乏的情况下,选取何种水来泡茶,仍是人们聚焦的问题。

煮茶是陆羽本章叙述的重点内容,他不仅提出了水的"三沸"说,还对水三次沸腾时的景象做了详细生动的说明,并对每次水沸腾时所做的工作都有细致的交代。水的第一次沸腾"如鱼目,微有声",此时要放适当的盐来调味;水的第二次沸腾"如涌泉连珠",此时要舀出一瓢水,再用竹筴在沸水中心位置转圈搅动,还用茶则量取茶末放入沸水之中;水的第三次沸腾为"腾波鼓浪",此时要把刚才舀出的水掺入,让沸水终止沸腾。水的温度与泡出茶的香味,关系密切,陆羽这一煮茶的宝贵经验至今仍对人们煮茶有着指导作用。如高级绿茶,茶叶越嫩、越绿,水温越要低,这样泡出的茶嫩绿、明亮,滋味鲜爽,维生素也破坏较少,我们在冲泡时,一般水温在80℃左右为宜。茶煮好之后,怎么来分茶喝,陆羽提出在分茶时一定要注意"沫饽"的均匀,煮出的"沫饽"是茶汤的精华,故他说要做到平均分配。我国传统儒家文化中就有均分理念,孔子《论语·季氏》:"闻有国有家者,不患寡而患不均,不患贫而患不安。盖均无贫,和无寡,安无倾。"喝茶汤的精华,不分人的地位高下、钱财多寡等,一律均分,这体现了儒家的平均思想。佛教亦讲众生平等,强调无分别心,这种饮用"沫饽"的理念,也体现了佛教的平等思想。且煮好的茶水要趁热接连饮完,并随着喝的次数增加,味道会慢慢变淡,大约在第五碗、第六碗时就不要饮用了。以"俭"来论述"茶性",是陆羽对茶道的一大贡献。他说:"茶性俭,不宜广。"煮茶的水放多了,味道就很淡薄,这既是"茶性"使然,也是在说明一个做人的道理,人要与煮茶、泡茶一样,秉承中庸之道、淡泊名利,不要贪得无厌。

陆羽探讨煮茶,始于备茶饼,终于析"茶性",首尾一贯,又层层深入。他在此章对水品、煮茶、"茶性"等的论述,对后世煮茶、品茶等均产生深远的影响。

凡炙茶,慎勿于风烬间炙,熛焰如钻①,使炎凉不均。持以逼火,屡其翻正,候炮普教反出培塿②,状虾蟆背,然后去火五寸。卷而舒,则本其始又炙之。若火干者,以气熟止;日干者,以柔止。

〔注释〕

①熛(biāo)焰：迸飞的火焰。

②炮(páo)：把茶饼放在火上烘烤。宋蔡襄《茶录》："炙茶，茶或经年，则香色味皆陈。于净器中以沸汤渍之，刮去膏油一两重乃止，以钤(qián)箝(qián)之，微火炙干，然后碎碾。"培塿(lǒu)：小土丘或小土山。

〔译文〕

凡是炙烤茶饼，一定要谨慎，不要在通风的余火上炙烤，迸飞的火焰如同钻火一样，会使茶饼各部分受热不均匀。应该将茶饼夹持着靠近火焰，经常地翻动，等到茶饼表面被烘烤得如小土丘一样凸起、形状像蛤蟆背上的小疙瘩，然后把茶饼移到距离火焰五寸的地方。等到卷曲凸起的茶饼表面舒展开后，就按照先前的方法再烤炙一次。如果茶饼是用火烘烤干的，炙烤到其有香气即停止；如果茶饼是晾干的，晒到其柔软即停止。

其始，若茶之至嫩者，蒸罢热捣，蒸：底本原作"茶"，作"蒸"据《说郛》本改。叶烂而芽笋存焉。假以力者，持千钧杵亦不之烂。如漆科珠①，壮士接之，不能驻其指②。及就，则似无穰骨也③。炙之，则其节若倪倪④，如婴儿之臂耳。既而承热用纸囊贮之，精华之气无所散越⑤，候寒末之。末之上者，其屑如细米；末之下者，其屑如菱角。

①漆科珠:漆树子。漆,即漆树,又称作山漆、大木漆、小木漆等,为漆树科落叶乔木,高达二十米,木材结实,是建筑、家具等用料。其叶在秋季会变红,可作为农药。其花密而小,为黄绿色。其皮里面有乳白色的液体,这就是生漆,有毒,会使人皮肤过敏,但可以做涂料和防腐剂。其子壳坚硬,可用来榨油,制作肥皂、油墨及食用等,也具有杀虫解毒的功效。

②驻:留住,停留。

③穰(ráng):稻、麦等的秆,此处指茶梗。案:底本原作"穰",作"穰"据《说郛》本改。

④倪倪(ní):弱小的样子。

⑤散越:散发,散失。

〔译文〕

开始制茶饼的时候,如果把很柔嫩的茶叶,蒸后趁热舂捣,叶子捣烂了,茶芽还存在。假如有极大力量的人,拿很重的杵杆也不会捣烂茶芽。这就如同漆树子一样,壮士握住它,不能进入其一指宽。捣好后的茶叶,一点茶梗也没有的。再拿去炙烤,就这样的茶叶连接之处空隙小,如同婴儿的手臂一样。烤好的茶饼不久,趁热用纸袋贮存起来,使其香气中的精华成分不致散失,等到茶饼冷却后再碾成末。上等的茶末,其碎屑如细米的形状;次等的茶末,其碎屑如菱角的形状。

其火用炭,次用劲薪,谓桑、槐、桐、枥之类也①。其炭,曾经燔炙②,为膻腻所及,及膏木、败器不用之③。膏木,为柏、桂、桧也④。败器,谓朽废器也。古人有劳薪之味⑤,信哉！

〔注释〕

①枥(lì):与"栎"同,麻栎,又称作橡子树,为壳斗科栎属落叶乔木,高可达三十米。其叶子叶缘有刺芒状锯齿,叶片两面同色,常呈长椭圆状披针形,幼叶可用来饲养柞蚕。其花在初夏开,为黄褐色。其果实为坚果,可供酿酒或作为家畜饲料,加工后也可供工业用或食用。其壳斗、树皮可提取栲胶。其树皮深灰褐色,树干质地坚硬,耐腐蚀能力强,耐水浸,纹路美观。其既可供制造车船、农具、地板、室内装饰等用材,也是重要的薪炭林作物。

②燔(fán):火烧,炙烤。

③膏木:含有油脂的树木。

④桂:肉桂树,为樟科常绿灌乔木或灌木,高可达十余米,叶子呈长椭圆形至近披针形,上面绿色,有光泽,下面灰绿色,被细柔毛。其一般在农历九月、十月开花,开白色或暗黄色小花,香气极浓,可供观赏,亦可做香料。其树皮一般通称"桂皮",含挥发油,可以用来做菜的香料,亦可入药。其叶、枝和树皮磨碎后,可制作桂油。桧(guì):桧树,又称作圆柏,为柏科常绿乔木,茎直立,高可达二十米。其树冠呈尖塔形,或圆锥形,或广卵形,寿命可达数百年之久。其幼树的叶子似针,叶子上面有两条白色气孔带,叶子下面绿色,大树的叶子似鱼鳞片,有明显棱脊,具有祛风散寒、活血解毒的功效。一般在春天开花。其树皮幼时赤褐色,成片状剥落,老时灰褐色,浅纵裂,成狭条脱落;枝条圆形,红褐色(幼时绿色)。其木材桃红

色,带有香味,细密坚实。其根、枝含有挥发油、树脂。

⑤劳薪之味:用旧车的车轮子或者其他不适宜的木制物品做燃料来烧煮食物,而使其含有异味。《晋书·荀勖传》:"(荀勖)又尝在帝坐进饭,谓在坐人曰:'此是劳薪所炊。'咸未之信。帝遣问膳夫,乃云:'实用故车脚。'举世伏其明识。"《世说新语》亦记载有此典故。

〔译文〕

　烤煮茶饼的燃料,最好用木炭,其次用火力强劲的木柴,比如桑树、槐树、桐树、栎树之类的木柴。曾经炙烤过肉,染上了腥膻油腻气味的木炭,以及带有油脂的木柴、朽坏的器具都不能用作烤煮茶饼的燃料。带有油脂的木柴是柏树、桂树、桧树。朽坏的器具为陈旧、癣朽的木制物品。古人说用旧车的车轮子或者其他不适宜的木制物品作为燃料烧煮食物会使其带有异味,确实是这样的。

　其水,用山水上,江水次,井水下。《荈赋》所谓:"水则岷方之注①,挹彼清流②。"其山水,拣乳泉③、石池慢流者上。其瀑涌湍漱④,勿食之,久食令人有颈疾。又多别流于山谷者,澄浸不泄⑤,自火天至霜郊以前⑥,或潜龙蓄毒于其间⑦,饮者可决之,以流其恶,使新泉涓涓然,酌之。其江水取去人远者,井水取汲多者。

〔注释〕

　①岷方之注:注入岷江地区的。晋杜育《荈赋》记载煮茶用流经岷江

之地的水,陆羽则提出煮茶的水:"山水上,江水次,井水下。"唐张又新《煎茶水记》:"庐山康王谷水帘水第一;无锡县惠山寺石泉水第二;蕲州兰溪石下水第三;峡州扇子山下,有石突然泄水,独清冷,状如龟形,俗云虾蟆口水第四;苏州虎丘寺石泉水第五;庐山招贤寺下方桥潭水第六;扬子江南零水第七;洪州西山西东瀑布水第八;唐州柏岩县淮水源第九,淮水亦佳;庐州龙池山顾水第十;丹阳县观音寺水第十一;扬州大明寺水第十二;汉江金州上游中零水第十三,水苦;归州玉虚洞下香溪水第十四;商州武关西洛水第十五,未尝泥;吴松江水第十六;天台山西南峰千丈瀑布水第十七;郴州圆泉水第十八;桐庐严陵滩水第十九;雪水第二十,用雪不可太冷。"

②挹(yī):与"抑"同,汲取,舀取。

③乳泉:钟乳石上的滴水。

④瀑(bào)涌湍(tuān)漱(shù):汹涌翻腾湍急的山水。瀑,飞溅的水。湍,急流的水。漱,从沙石上流过的急水。

⑤澄:清澈。浸:沉浸。

⑥火天至霜郊:指农历七月至九月之间的时间。《诗经·国风·豳风》:"七月流火,九月授衣。"《毛传》:"火,大火也。流,下也。九月霜始降,妇功成,可以授冬衣矣。"

⑦潜龙蓄毒:隐藏在水中的虫蛇等蓄藏有毒物质,此处实际指停止不泄的积水蕴含有大量动植物的腐败物,滋生了众多的细菌及其他有害物,经过长时间的积聚,形成了巨量对人体有害的物质。

〔译文〕

煮茶用的水,以山水为上等,以江河水为次等,以井水为下等。《荈赋》所说:"水就芯取注入岷江中的清水。"煮茶用的山水最好选取钟乳石上的滴水、石池中慢流的水。山水中,飞溅的水、急流的水、从沙石上流过的急水,都不要饮用,长时间吃这种水会使人颈部有病。山水中,又有众多支流汇聚于山谷的水,水清澈而不流动,从农历七月到九月之前,可能会有虫蛇潜伏其中,蓄藏有毒物质,污染水质,要喝这种水,应该先挖开缺口,把蕴含有大量动植物腐败物的水放走,使新的泉水缓慢流入,再饮用。煮茶用的江河水,应到远离人烟的地方去选取,井水则要到经常汲水的井中取用。

其沸如鱼目①,微有声,为一沸。缘边如涌泉连珠,为二沸。腾波鼓浪,为三沸。已上水老,不可食也。初沸,则水合量调之以盐味②,谓弃其啜余③。啜,尝也,市税反,又市悦反。无乃餡䤉而钟其一味乎④。上古暂反,下吐滥反,无味也。第二沸,出水一瓢,以竹筴环激汤心,则量末⑤,当中心而下。有顷,势若奔涛溅沫,以所出水止之,而育其华也⑥。

〔注释〕

①鱼目:在烧水的时候,水沸腾冒出的小水泡像鱼眼睛一样,故称作鱼目。唐皮日休《茶中杂咏·煮茶》:"香泉一合乳,煎作连珠沸。时看蟹目溅,乍见鱼鳞起。声疑松带雨,饽恐生烟翠。尚把沥中山,必无千日

醉。"宋蔡襄《茶录》："如虾眼、蟹眼、鱼眼连珠，皆为萌汤。直至涌沸如腾波鼓浪，水气全消，方是纯熟。如初声、转声、振声、骤声，皆为萌汤，直至无声，方是纯熟。如浮气一缕、二缕、三四缕，及缕乱不分、氤氲乱绕，皆为萌汤，直至气直冲贯，方是纯熟。"

②则水合量调之以盐味：就水的多少适量调放食盐来调味。则，就，便。

③弃其啜余：把尝过之后剩下的水倒掉。

④无乃餡餾（gàntàn）而钟其一味乎：不是因为水中无味而只喜欢食盐这一种味道。餡餾，无味。

⑤则：指量取茶叶用的茶则。

⑥华：精华，此处指茶汤表面的浮沫，这是茶叶的精华部分。

〔译文〕

在烧水时，锅里的水沸腾冒出的小水泡如同鱼眼睛一样，有轻微的响声，就是一沸。锅边缘的水如同向上喷出的泉水有连成串的珠子，称作二沸。当锅里的水像波浪般翻滚沸腾，已是三沸。三沸以后锅里的水若再继续煮，水就老了，不可以饮用了。锅里的水一沸时，就水的多少调放适量的食盐来调味，把尝过之后剩下的水倒掉。啜是品尝的意思，音市税反，又音市悦反。切莫因为水中无味而只喜欢食盐这一种味道。餡音古暂反，餾音吐滥反，餡餾的意思是无味。当锅里的水第二沸时，舀出一瓢水，再用竹筴在沸水中心位置转圈搅动，用茶则量取茶末，沿旋涡中心倒下。过一会儿，锅中的水势像波涛般翻滚，水沫飞溅，就把刚才舀出的水掺入进去，使其停止沸腾，以培育出其茶的精华。

凡酌，置诸碗，令沫饽均①。"字书"并《本草》②：饽，茗
沫也。蒲笏反。沫饽，汤之华也。华之薄者曰沫，厚者曰
饽，细轻者曰花。如枣花漂漂然于环池之上，又如回潭
曲渚青萍之始生③，又如晴天爽朗有浮云鳞然。其沫
者，若绿钱浮于水湄④，又如菊英堕于鐏俎之中⑤。饽
者，以滓煮之，及沸，则重华累沫，皤皤然若积雪耳⑥。
《荈赋》所谓"焕如积雪，烨若春蔌⑦"，有之。

〔**注释**〕

①饽(bō)：茶水煮沸时表面上产生的浮沫。

②"字书"：指当时解释汉字的字典，如《说文解字》《尔雅》《方言》《开
元文字音义》等。

③回潭：回旋流动的潭水。曲渚(zhǔ)：水中曲曲折折的小块陆地。
渚，水中的小块陆地。

④绿钱：又称作苔藓、青苔，属于一种很微小的陆地植物，为一类由水
生生活转为陆生生活的过渡型植物类群，在药用资源开发、园林绿化和水
土保持等方面发挥着重要作用。南朝梁沈约《冬节后至丞相第诣世子车
中作》："宾阶绿钱满，客位紫苔生。"李善注引晋朝崔豹《古今注》："空室
无人行，则生苔藓，或青或紫，一名绿钱。"

⑤菊英：菊花，为菊科菊属多年生草本植物。其叶呈卵形或披针形，
其花颜色有白色、红色、紫色、黄色等。英，是花的别名，一般把不结果实
的花称作英。鐏(zūn)：与"樽""墫""罇"等字同，我国古代盛酒的器具。

俎(zǔ):与"且""爼"等字同,我国古代祭祀时放祭品的器物。

　　⑥皤皤(pó):白色的东西,此处指白色水沫。

　　⑦烨(yè):火光,日光,光辉灿烂。蓲(fū):花。北宋丁度等《集韵》:"蓲,花之通名。"

〔译文〕

　　在喝茶的时候,放置好各个茶碗,要让茶汤里的浮沫均匀地舀入每只碗中。当时解释汉字的字典和《本草》里说:餑是茶汤的沫。餑音蒲笏反。沫餑是茶汤的精华。茶汤花薄的叫作沫,厚的叫作餑,细轻的叫作花。茶汤花的形状,有的像在圆形池塘上漂浮的枣花,有的像回旋流动的潭水中曲曲折折的小块陆地间新生的浮萍,又有的像天晴气爽空中鳞状的浮云。茶汤中的茶沫,好似青苔漂浮在渭水边,又好似菊花堕落在鐏俎之中。茶餑,用茶渣滓来煮,等到水沸腾后,就会在茶汤的表面出现一层层厚厚的泡沫,白色茶沫的样子像积雪一样。《荈赋》中说茶汤花"明亮好似积雪,光彩灿烂如同春花一样",确实是这样的。

　　第一煮水沸,而弃其沫,之上有水膜如黑云母①,饮之则其味不正。其第一者为隽永,徐县、全县二反。至美者曰隽永。隽,味也;永,长也。味长曰隽永。味:底本原作"史",沈冬梅《茶经校注》说:"原作'史',诸本悉同,于义亦通。此为上二句结语,依其句式当作'味'字,'史'乃'味'之残。"《汉书》:蒯通著《隽永》二十篇也②。或留熟盂以贮之③,以备育华、救沸之用。诸第一与第二、第三碗次之。第四、第五碗外，非渴甚，莫之饮。凡煮水一升，酌分五碗④。碗数少至三，多至五。若人多至十，加两炉。乘热连饮之，以重浊凝其下，精英浮其上。如冷，则精英随气而竭，饮啜不消亦然矣。

〔注释〕

①黑云母：是云母类矿物中的一种，为硅酸盐矿物。其单晶体主要为短柱状或板状，横切面为六边形，集合体为鳞片状。云母，又称作千层纸，是云母族矿物的统称，为钾、铝、镁、铁、锂等金属的铝硅酸盐，都是层状结构、单斜晶系。其晶体常成假六方片状，集合体为鳞片状，薄片有弹性，玻璃光泽，半透明，有白色、黑色、深浅不同的绿色或褐色等。其不导电，隔热，耐高温，耐潮防腐。其中，白云母可供药用。

②蒯(kuǎi)通著《隽永》二十篇也：《汉书·蒯通传》："(蒯)通论战国时说士权变，亦自序其说，凡八十一首，号曰《隽永》。"蒯通，本名彻，汉初范阳人。为了回避与汉武帝刘彻同名，故《史记》《汉书》以"通"称之。其辩才无双，善于陈说利害。陈胜起义之后，他曾游说范阳令徐公归降陈胜部将武臣。其曾为韩信谋士，献灭齐之策，后又游说韩信背叛刘邦自立，韩信犹豫不忍，其离韩信而去，韩信死后其被刘邦捉拿，后又被释放。在汉惠帝时，其又成为相国曹参的宾客。

③或留熟盂以贮之：或者把第一次煮开的水，去掉一层黑云母样的膜状物，留下一份贮放在熟盂中待用。熟盂，是陶或瓷质的容器，为贮放开水用的。盂，沈冬梅《茶经校注》说："原脱，诸本悉同，'熟盂'为贮热水之专门器具，据补。"

④"凡煮水一升"两句：通常烧煮一升的水，可以分为五碗。一升，在唐代大约为当今的六百毫升，一碗茶水的量大约为一百二十毫升。

[译文]

第一次煮开的茶水，把水表面上的浮沫去掉，因浮沫上有一层如同黑云母状的膜状物，饮用了它，其味道不好。之后，从锅里舀出的第一瓢水，滋味美好而长久，称其为隽永，隽的音徐县反或全县反。隽永是茶味至美的意思。隽为滋味美好；永指长久。滋味美好的长久就是隽永。《汉书》记载蒯通著有《隽永》二十篇。或者把第一次煮开的茶水去掉一层黑云母样的膜状物之后，留下一份贮放在熟盂中，以预备作为培育汤华、终止沸腾来用。以下第一碗、第二碗、第三碗的茶水，味道略差些。第四、第五碗后的茶水，不是渴得很厉害，就不要喝了。通常烧一升水，可以分为五碗。碗数至少三碗，最多五碗。如果人数多到十人，增加到煮两炉。应该趁热接连喝完，因为浓重混浊的物质凝聚在下，茶汤的精华漂浮在上。如果茶汤凉了，其精华就随着热气散失殆尽，就是接连着喝不停止也是如此。

　　茶性俭，不宜广，广则其味黯淡①。且如一满碗，啜半而味寡，况其广乎！其色缃也②，其馨㪏也③。香至美曰㪏，㪏音使。其味甘，槚也；不甘而苦，荈也；啜苦咽甘，茶也。《本草》云：其味苦而不甘，槚也；甘而不苦，荈也。

①黯淡:暗淡,阴沉,昏暗,此处指茶的味道淡薄。

②缃(xiāng):浅黄色。

③歅(shǐ):指茶水香气。

〔译文〕

茶的特性俭约,水不宜多,水多了茶的味道就很淡薄。就像满满一碗茶,喝到一半味道就觉得淡了些,何况水加多了呢!茶汤的颜色浅黄,散发很远的香气。歅为香气至美的意思,歅音使。汤味道甜的是槚;汤不甜而苦的是荈;汤入口时味苦,咽下去又有回甜的是茶。《本草》说:汤味道苦而不甜的是槚;汤甜而不苦的是荈。

六之饮

本章阐述了饮茶的功效、历史、习俗,以及把茶做得极其精致的难处和如何煮茶分饮等,多是总结式、概论性的语言,对饮茶之道探讨入微,开启后人不断深入研究。

人类利用饮食来维系自己的生命,它们给人们提供各种必须的营养,具有不同的效用。其中,饮品如茶、酒等是人类生活的重要组成部分,饮茶除了解渴,还为人们带来精神享受、增添无穷无尽的乐趣。喝茶是我国人民日常饮食中的一大习俗。唐皎然《饮茶歌诮崔石使君》:"越人遗我剡溪茗,采得金芽爨金鼎。素瓷雪色缥沫香,何似诸仙琼蕊浆。一饮涤昏寐,情来朗爽满天地。再饮清我神,忽如飞雨洒轻尘。三饮便得道,何须苦心破烦恼。此物清高世莫知,世人饮酒多自欺。愁看毕卓瓮间夜,笑向陶潜篱下时。崔侯啜之意不已,狂歌一曲惊人耳。孰知茶道全尔真,唯有丹丘得如此。"此诗歌是诗人皎然在饮用越人赠送的剡溪茶后所作,从中我们可探知饮茶之乐,更何况饮茶还具有"涤昏寐"之功效？我们在工作之时，正昏昏欲睡之际，饮一杯香茶，顿觉神清气爽。

我国很早的时候就把茶作为药用，但对于饮茶起源于何时，至今仍未有定论。陆羽认为饮茶在我国原始时期的神农时代就出现了，西周时期就为人所知，之后众多上层人士都爱好饮茶。如春秋时期的晏婴、汉朝的扬雄和司马相如、孙吴的韦曜、晋朝的刘琨等，到了唐代，寻常百姓都已经饮茶了。他对饮茶历史的论述，为我们今天撰写茶史及饮食文化史等提供了非常珍贵的资料。不过，吴觉农经过长期研究，在其主编的《茶经述评》里说："茶由药用时期发展为饮用时期，是在战国或秦代以后。"然陆羽关于饮茶起源于神农时期，已经成为当今学界探寻饮茶起源之一说。

唐代人们在日常生活之中，饮用不同种类的茶，如粗茶、散茶、末茶和饼茶等，也出现了各种各样的饮茶方式。陆羽列举出四种：一、把捣碎的茶末放在瓶、缶中，用热水冲泡；二、煮茶时，加入葱、姜、枣、橘皮、茱萸、薄荷等类的东西；三、把茶汤扬起以使之柔滑；四、在煮茶的时候把茶汤上的沫滤掉。他严厉地批评了这四种饮茶方式，认为这样做会把茶汤变成沟渠里的废水。不过，陆羽批评的这四种饮茶方式，其中一些还在我国少数民族地区以及海外流传。

那人们怎么才能饮到好的茶汤呢？陆羽以为有八难：一是制造，二是鉴别，三是器具，四是火力，五是水质，六是炙烤，七是研末，八是煮沸。只有解决了这些困难，人们才能喝到美味的茶汤,他在文中有精妙的叙述,值得人们去细心体会。此外,在品饮时,他又提出:"夏兴冬废,非饮也。"在前文中,他指出茶性"味至寒",故人们多在夏天饮茶,然其认为茶就是在冬天也要饮用,否则就不是品饮茶。在陆羽看来,饮茶与季节无关,人们只要口渴了,就要饮茶,他的这一倡导极大地助长了饮茶之风的盛行。故唐张谓《道林寺送莫侍御》:"霜引台乌集,风惊塔雁飞。饮茶胜饮酒,聊以送将归。"

如何煮茶分饮,陆羽也为我们提供了较为实用的饮茶方法。众所周知,茶叶越嫩,尤其是绿茶中的明前茶,是不耐泡的,他在生活实践中就发现了这一点:如果想要煮出的茶汤既鲜美,又香气逼人,一般一锅最好煮三碗,而次一点的茶汤一锅至多可以煮五碗。如果座上的客人在六人以下,其是根据饮茶人数的减少来设定碗数的。不过,其没明说座上的客人为八人和九人的分碗方法,《五之煮》有夹注:"碗数少至三,多至五。若人多至十,加两炉。"且其认为一锅上好的茶汤最好煮三碗,又再次点明了"茶性俭,不宜广"。

陆羽从人类需要饮茶说起,一直论述到具体的分碗方法,对于饮茶的各个方面,阐述得极为详尽而细致,我们从中可以窥见他剖析饮茶之道的精深。

翼而飞①,毛而走②,呿而言③。此三者俱生于天地间,饮啄以活④,饮之时义远矣哉! 至若救渴,饮之以浆⑤;蠲忧忿⑥,饮之以酒;荡昏寐,饮之以茶。

〔注释〕

①翼而飞:长有翅膀,能够飞翔的禽类。

②毛而走:身上有毛,善于奔跑的兽类。

③呿(qū)而言:可以张口,会说话的人类。呿,张口状。北宋丁度等《集韵》:"启口谓之呿。"案:底本原作"去",作"呿"据《说郛》本改。

④饮啄(zhuó):喝水,饮食。啄,鸟类用嘴叩击并夹住东西。

⑤浆:一种可以饮用的比较浓的液体。

⑥蠲(juān):免除,除去。

〔译文〕

长有翅膀,能够飞翔的禽类;身上有毛,善于奔走的兽类;可以张口,会说话的人类。这三者都生活在天地之间,依靠喝水、饮食来维持生命,可知喝水的意义太重要了!要解除口渴,需要饮浆;解除忧愁、愤懑,需要喝酒;要消除头昏、瞌睡,就需要饮茶。

茶之为饮,发乎神农氏①,闻于鲁周公。闻:底本原作"间",作"闻"据《说郛》本改。齐有晏婴②,汉有扬雄、司马相如③,吴有韦曜④,晋有刘琨、张载、远祖纳、谢安、左思之徒⑤,皆饮焉。滂时浸俗⑥,盛于国朝⑦,两都并荆、渝间⑧,以为比屋之饮⑨。

〔注释〕

①神农氏:因以火德王,故称为炎帝,又称作赤帝、烈山氏,号神农,姜姓。传说中的上古三皇之一,我国远古时期部落首领,以火为官,作耒耜,教民稼穑等。《国语·晋语四》:"昔少典娶于有蟜氏,生黄帝、炎帝。黄帝以姬水成,炎帝以姜水成。成而异德,故黄帝为姬,炎帝为姜。二帝用师以相济也,异德之故也。"《神农本草》:"神农尝百草,日遇七十二毒,得茶而解之。"

②晏婴(?—前500):字平仲,史称"晏子",春秋时齐国人。春秋时期著名政治家、思想家、外交家,历仕灵公、庄公、景公三世,为卿。长于辞令,关心民事,力行节俭,尽忠直谏,名显诸侯,曾劝齐景公轻赋役、省刑罚,听臣下之言。相传著有《晏子春秋》。《史记》有传。

③司马相如(约179—前127):字长卿,西汉蜀郡成都(今四川成都市)人。著名文学家,景帝时为武骑常侍,非其所好,病免,客游于梁。后作《子虚赋》,为武帝赏识,被召见,又作《上林赋》,武帝称善,任以为郎。后为中郎将,奉使通西南夷。又见武帝好神仙之术,作《大人赋》。其赋多描述帝王苑囿田猎事,文辞华丽,气势恢廓,篇末寓意讽谏。《史记》《汉书》皆有传。

④韦曜(220—280):本名韦昭,字弘嗣,晋陈寿《三国志》避司马昭名讳改其名。三国时期著名史学家,曾任孙吴西安令、太子中庶子、太史令、中书仆射、左国史等,有文才,长期典掌史职。著有《吴书》《洞纪》《官职训》等,后为孙皓所杀。《三国志》有传。

⑤刘琨(271—318):字越石,西晋中山魏昌(今河北无极北)人。著名文学家,光禄大夫刘蕃之子。初仕为司隶从事,后依附赵王司马伦,领兵

与成都王司马颖等诸王在洛阳城内外大战。司马伦败，又周旋于诸王之间。晋怀帝初，为并州刺史，加振威将军，在并州与刘元海、刘聪、石勒等发生混战，兵败投奔幽州刺史鲜卑人段匹䃅，后与段匹䃅发生矛盾，被其绞杀。张载：字孟阳，西晋安平（今河北安平）人。文学家，与其弟张协、张亢，都以文学著称，世称"三张"。初仕为佐著作郎，出为弘农太守，累迁至中书侍郎。西晋末，辞官归里，死于家中。有《张孟阳集》传世。《晋书》有传。远祖纳（？—395）：即陆纳，字祖言，陆玩之子。少有清操，行止绝俗。初仕为武陵王掾，历任黄门侍郎、吏部郎、吴兴太守。与王述、桓温等相亲善，累迁至尚书仆射，加散骑常侍。陆羽与其同姓，故尊其为远祖。高祖、曾祖以上的祖先称为远祖。谢安（320—385）：字安石，号东山，陈郡阳夏（今河南太康）人。东晋政治家、名士，太常谢裒第三子、镇西将军谢尚的堂弟。其少以清谈知名，屡辞辟命，隐居会稽山阴之东山，与王羲之、许询等游山玩水，并教育谢家子弟。其年四十始出为桓温司马，桓温死，为尚书仆射，领吏部，加后将军，居朝辅政。孝武帝太元八年（383），为征讨大都督，指挥部将抗击前秦苻坚八十多万大军的进攻，双方于淝水展开决战，晋军取得决定性胜利，保住了东晋的偏安政权，进授太保、都督扬荆等十五州军事，权倾天下。后与司马道子发生矛盾，出镇广陵。《晋书》有传。左思（约250—305）：字太冲，西晋齐国临淄（今山东广饶南）人。著名文学家，晋武帝贵嫔左芬之兄。博学，兼善阴阳之术，秘书监贾谧请讲《汉书》，齐王司马冏命为记室督，辞疾不就。貌寝口讷，不好交游。作《三都赋》，构思十年，赋成，洛阳为之纸贵。《晋书》有传。

⑥滂时浸俗：广泛流布，逐渐成为习俗。滂，广泛流布。浸，逐渐。

⑦国朝：陆羽所处的唐朝。

⑧两都：指唐朝的西京长安（今陕西西安），以及东都洛阳（今河南洛阳）。荆：荆州，西汉元封五年（前106）置，为"十三刺史部"之一、东汉治

所在汉寿县(今湖南常德东北),初平元年(190)刘表徙治襄阳(今湖北襄阳汉水南)。后治所屡徙,东晋时定治江陵县(今湖北江陵)。隋大业初废。唐武德四年(621)复置,天宝元年(742)改为江陵郡,乾元元年(758)复为荆州,上元元年(760)升为江陵府。辖境大致相当于今湖北松滋至石首间长江流域北部,兼有今荆门、当阳等地。渝:渝州,因渝水为名,隋开皇元年(581)改楚州置,治所在巴县(今四川重庆),大业三年(607)改为巴郡。唐武德元年(618)复改为渝州,天宝元年(742)改为南平郡,乾元元年(758)复为渝州。辖境大致相当今重庆、江津、璧山、永川等地。案:渝,底本原作"俞",作"渝"据《说郛》本改。

⑨比屋之饮:家家户户都饮茶。比,相连接。唐封演《封氏闻见记》:"茶……南人好饮之,北人初不多饮。开元中,泰山灵岩寺有降魔师大兴禅教,学禅务于不寐,又不夕食,皆许其饮茶。人自怀挟,到处煮饮。从此转相仿效,逐成风俗。自邹、齐、沧、棣,渐至京邑。城市多开店铺,煎茶卖之,不问道俗,投钱取饮。其茶自江、淮而来,舟车相继,所在山积,色额甚多。"唐李肇《唐国史补》:"风俗贵茶,茶之名品益众。剑南有蒙顶石花,或小方,或散牙,号为第一。湖州有顾渚之紫笋。东川有神泉、小团,昌明、兽目。峡州有碧涧、明月、芳蕊、茱萸簝。福州有方山之露牙。夔州有香山。江陵有南木。湖南有衡山。岳州有浥湖之含膏。常州有义兴之紫笋。婺州有东白。睦州有鸠沉。洪州有西山之白露。寿州有霍山之黄牙。蕲州有蕲门团黄。"唐杨晔《膳夫经手录》:"至开元、天宝之间,稍稍有茶,至德、大历遂多,建中已后盛矣。茗丝盐铁,管榷存焉。今江夏以东,淮海之南,皆有之。"

[译文]

茶作为饮品,开始在神农氏炎帝时期,据说鲁国周公作了文字记载而为世人所知。春秋时期齐国的晏婴,汉朝的扬雄、司马相如,三国时期吴国的韦曜,晋朝的刘琨、张载、陆纳、谢安、左思等人都爱好喝茶。饮茶广泛流布,逐渐成为习俗,到了唐朝,饮茶之风已经非常盛行,在西京长安和东都洛阳以及荆州、渝州地区,更是家家户户都饮茶了。

饮有觕茶①、散茶、末茶、饼茶者,乃斫、乃熬、乃炀、乃舂②,贮于瓶、缶之中,以汤沃焉,谓之痷茶③。或用葱、姜、枣、橘皮、茱萸、薄荷之等④,煮之百沸,或扬令滑,或煮去沫。斯沟渠间弃水耳,而习俗不已。

〔注释〕

①觕(cū)茶:粗茶。觕,粗。

②斫(zhuó):用刀、斧等砍。熬:煎熬。炀(yáng):烤炙,烘干。舂(chōng):捣碎成末。

③"贮于瓶、缶(fǒu)之中"三句:把捣碎的茶末放在瓶、缶之中,用热水浇灌下去,称之为泡茶。缶,我国古代一种大肚子小口的盛液体的器具。痷(ān),漂浮,此处指用热水浸泡茶末。

④茱萸:又称作越椒、艾子、辣子,属于芸香科常绿带香植物。为我国著名的中药之一,具有杀虫、消毒、逐寒、祛风等功效。我国古人亦有在农历九月九日重阳节插茱萸的习俗。荷:底本原作"诃",作"荷"据《说郛》本改。

　　饮用的茶,有粗茶、散茶、末茶和饼茶,这些茶都经过斫开、煎熬、烤炙、捣碎,贮放在瓶、缶之中,用热水冲泡,这就叫作浸泡的茶。有的加入葱、姜、枣、橘皮、茱萸、薄荷之类的东西,经过长时间反复煮。有的把茶汤扬起以使之柔滑。有的在煮茶的时候把茶汤上的浮沫去掉。这无异于把美味的茶汤变成了沟渠里的废水一般,然而这样的习俗至今都流传不止。

　　於戏! 天育万物,皆有至妙。人之所工,但猎浅易。所庇者屋,屋精极;所著者衣,衣精极;所饱者饮食,食与酒皆精极之。茶有九难:一曰造,二曰别,三曰器,四曰火,五曰水,六曰炙,七曰末,八曰煮,九曰饮。阴采夜焙,非造也;嚼味嗅香,非别也;膻鼎腥瓯,非器也;膏薪庖炭,非火也;飞湍壅潦①,非水也;外熟内生,非炙也;碧粉缥尘,非末也;操艰搅遽,非煮也;夏兴冬废,非饮也。

〔注释〕

　　①壅潦(lǎo):停滞的积水。潦,积水。

〔译文〕

　　呜呼! 天孕育万物,都有极其精妙之处。但人类所擅长的,都只是涉猎浅显容易做的。用来遮蔽的是房屋，房屋建造得极其精致；用来穿的是衣服，衣服做得极其精致；用来充饥的是饮食，食物和酒制作得极其精美。茶做得极其精致有九难：一是制造，二是鉴别，三是器具，四是火候，五是水质，六是炙烤，七是研末，八是煮沸，九是品饮。阴天采摘茶嫩叶而夜间焙制，是制造时间不合适宜；凭口嚼辨别制作好的茶味，鼻闻辨别制作好的茶香，是鉴别方法不当；风炉和碗沾了膻腥气味，是煮茶的器具不合适；柴沾有油烟，炭染有油腥气味，是煮茶的燃料使用不当；用急流奔涌的水和停止不流的水煮茶，是选水不当；茶烤得外熟内生，是烤炙不当；把茶捣得太细，研磨成了青绿色的粉末和青白色的碎灰，是研末不当；煮茶操作不熟练，搅动太快，是煮沸不当；夏天饮茶而冬天不饮，是品饮不当。

夫珍鲜馥烈者①，其碗数三，次之者，碗数五。若坐客数至五，行三碗；至七，行五碗；若六人已下，不约碗数，但阙一人而已，其隽永补所阙人。

〔注释〕

①珍鲜馥(fù)烈者：鲜美香气浓烈的好茶。馥，香气。唐司空图《十会斋文》："天香馥烈，拥日气以盘空。"

〔译文〕

鲜美香气浓烈的好茶，一般一炉只煮三碗，次一点的是一炉煮五碗。假如座上的客人达到五人，可以煮三碗来饮用；假如座上的客人达到七人，可以煮五碗来饮用；假如座上的客人在六人以下，可以不必计算碗数，只要按照缺少一个人来计算碗数，用原先留出的好茶汤来补充所少算的一份即可。

七之事

本章收集了自远古时期到唐代与茶事相关的历史文献四十八条,主要包括人物、医药书籍、文字学著述、史书、小说、诗文、僧史、地方志等,大致是按照时间发生的先后顺序来编排的。这四十八条历史文献为我国茶史以及饮食史的撰写提供了宝贵的材料,丰富了我国茶文化和饮食文化的内容。其提到的部分书籍,不少已经亡佚,而《茶经》幸得保存了下来,让人们获悉更多茶文化的逸闻趣事。

人是茶事的主体,陆羽罗列了从上古时代神农氏到唐代徐勣这些与茶相关的人物。他们中大都是历史上著名的人士,如周公、晏婴、晋惠帝等;也有一些是传说中的人物,如神农氏、丹丘子、黄山君等;还有一些是著述中虚构的人物,如夏侯恺、虞洪等,这都为我们探寻茶的历史提供了线索。通过对这些人物在不同时期的数量进行统计分析,陆羽提到与茶相关的两晋时期人士最多,而其他时期的人物相对较少,这亦说明了两晋是我国茶业快速发展的时期。不过，从陆羽提到与茶有关的人士来看，饮茶在唐代以前，主要流行在上层社会。

茶一开始在我国多作药用，饮茶具有提神醒脑的功效，故不少医药书籍记载有此方面的信息。陆羽遍寻唐代及其以前的各种医药书籍，重点摘取《神农食经》、华佗《食论》、壶居士《食忌》、孙思邈《枕中方》及《孺子方》等书中关于茶的记载。这些医药书籍现在大多数已经亡佚，记述有关茶的内容，幸亏有陆羽的辑佚而得以留存。此外，陆羽辑此不只是为了保存史料，意在让人们重视饮茶的药效及养生作用，这也与前几章阐述茶的功效及饮茶的疗效等遥相呼应。

文字是历史的记录，探索茶字的起源及演变，这是书写茶史的又一路径。陆羽在众多文字学著述中，辑录一些与茶相关的文献，如《尔雅》《广雅》《方言》《尔雅注》以及司马相如《凡将篇》等。通过对其记载关于茶的内容进行研究，我们可知茶在早期有"槚""茶""茗""荈""荈"等别名，这也说明我国古代茶产区的广阔。

史书是我们撰写茶史的主要文献。陆羽提到的史书，部分是比较可靠的正史，如《三国志》《晋书》，也有一些野史，如《晋四王起事》《晋中兴书》《广陵耆老传》《宋录》《后魏录》等。从广义讲，僧史、族谱、地方志等也可看作史书，陆羽也收集了一些，如《续名僧传》《江氏家传》《吴兴记》等。他尽可能把所收集关于茶事的史料记载，网络殆尽，但其中一些记载未必可信，需要进一步去研究。如陆羽把《搜神记》《神异记》《续搜神记》

等小说中的记载,也都看作茶事。实际上,这部分记载的茶事是子虚乌有的,仅可作为人们茶余饭后的笑谈。而诗文中的茶事,却多是真实的描述,如左思《娇女诗》"心为茶荈剧,吹嘘对鼎铄"二句,生动形象地彰显出其两个女儿急于喝茶的活泼样子。类似诗文中记载的茶事,还有刘琨《与兄子南兖州史演书》、傅咸《司隶教》、张孟阳《登成都楼诗》等。

陆羽记载的这些茶事,反映了我国茶文化的各个方面内容:一,茶之性以俭。他列举的著名人物中,多是通过茶来展示自己厉行节俭的,典型人物如陆纳、桓温等;二,茶的药用疗效和食用价值。如《神农食经》记载长时间服用茶能使人精力充沛、心情愉悦,释道说《续名僧传》里记载南朝宋时释法瑶以饮茶代饭等;三,茶的祭祀。如南齐世祖武皇帝在其遗诏里说:我死后的灵座上一定不要杀牲作为祭品,只需供上饼果、茶饮、干饭、酒肴就可以了,这就让茶具有了祭祀的功能;四,茶与神秘主义。他在汉代人物中,举有仙人丹丘子和黄山君,后提到采茶人遇见仙人等茶事,这些记载又赋予茶以神性。此外,关于饮茶的养生文化、风俗文化等就不一一具体详述了。总之,透过"茶之事",我们发现茶内涵的多样性、丰富性。

三皇　炎帝神农氏[①]。

〔注释〕

①三皇:相传为我国上古时期三个帝王,不过三位人物具体是谁,有

以下五种说法:第一种,伏羲、神农、黄帝;第二种,伏羲、女娲、神农;第三种,伏羲、神农、燧人;第四种,伏羲、神农、祝融;第五种,伏羲、神农、共工。三,底本原作"王",作"三"据《说郛》本改。

〔译文〕

　　三皇之一就是炎帝神农氏。

　　　周　　鲁周公旦,齐相晏婴。

〔译文〕

　　周朝时鲁国的周公姬旦,齐国的国相晏婴。

　　　汉　　仙人丹丘子、黄山君①,司马文园令相如②,扬执戟雄。

〔注释〕

　　①黄山君:传说中汉代因喝茶而成仙的仙人。
　　②文园令:即孝文园令,守护孝文帝陵园,案行扫除,俸禄为六百石。其佐官有丞、校长各一人。

〔译文〕

　　汉代有仙人丹丘子、黄山君,孝文园令司马相如,执戟郎扬雄。

吴　归命侯①，韦太傅弘嗣。

〔注释〕

①吴归命侯：三国孙吴末代皇帝孙晧（242—283），字元宗，一名彭祖，又字皓宗。吴国孙权之孙，废太子孙和之子，264 至 280 年在位。其在位初期，施行明政，但沉溺酒色，专于杀戮，变得昏庸暴虐。然其名声很大，惊动华夏，令晋武帝司马炎感到惶恐。天纪四年（280），晋武帝派兵攻破建康，其投降，被封为归命侯，于洛阳去世。

〔译文〕

三国时期，吴国的归命侯孙晧，太傅韦曜。

晋　惠帝①，刘司空琨，琨兄子兖州刺史演②，张黄门孟阳③，傅司隶咸④，江洗马统⑤，孙参军楚⑥，左记室太冲，陆吴兴纳，纳兄子会稽内史俶，谢冠军安石，郭弘农璞，桓扬州温⑦，杜舍人育，武康小山寺释法瑶⑧，沛国夏侯恺⑨，余姚虞洪⑩，北地傅巽⑪，丹阳弘君举⑫，乐安任育长⑬，宣城秦精⑭，敦煌单道开⑮，剡县陈务妻⑯，广陵老姥⑰，河内山谦之⑱。

〔注释〕

①晋惠帝：司马衷（259—306），晋武帝司马炎的第二个儿子，西晋的

第二代皇帝,字正度,290至306年在位。他智力低下,先被成都王司马颖劫至邺,又被河间王司马颙挟持入长安,后被东海王司马越迎还洛阳,据说为司马越所杀害。见《晋书》本纪四。

②演:刘演,字始仁,西晋中山魏昌人。是刘琨的侄子,初辟太尉掾,除尚书郎,袭爵定襄侯,东海王司马越引为主簿,出为阳平太守。后自洛阳投奔刘琨,为魏郡太守。晋愍帝时,刘琨将要征讨石勒,派其率领勇士千人,担任北中郎将、兖州刺史。晋元帝拜其为都督、后将军,后为段文鸯诛杀。《晋书》有附传。

③张黄门孟阳:张载,字孟阳,但史书未记载他担任过黄门侍郎,而他的弟弟张协(字景阳)却担任过此职。《晋书》有传。黄门,西汉为少府属官,掌宫中乘舆、狗马、倡优、鼓吹等事,职任亲近皇帝,由宦官充任,有技艺才能者常在其署待诏。东汉时期其名义上隶属少府,主管宫中诸宦者,俸禄为六百石。东汉中期以后,多以中常侍兼任,或典禁军,或持节收捕大臣,权势尤盛。三国时期沿置,管理宦者、宫人。晋代改为隶属光禄勋,侍从皇帝左右,颇有权势,但有的不是宦官担任。

④傅咸司隶:傅咸(239—294),字长虞,北地泥阳(今陕西耀州)人。西晋哲学家、文学家傅玄的儿子,曾任太子洗马、尚书右丞、御史中丞、司隶校尉等职。《晋书》有附传。司隶,为司隶校尉的简称。汉武帝时期设置,其持节、领兵,掌察举京师、三辅、三河、弘农非法者,捕巫蛊,督察大奸猾者。后来罢其兵,汉元帝时又除去其持节权力,汉成帝时废弃,汉哀帝时复置。东汉亦置,其领一州,有从事官十二人,都官从事,掌察举百官犯法者等。魏晋时期,司隶于端门外坐,在诸卿上。

⑤江洗马统:江统(?—310),字应元,陈留圉(今河南杞县)人。曾任山阴令、中郎、太子洗马、黄门侍郎、散骑常侍、国子博士等,还为齐王司马冏、成都王司马颖、东海王司马越等僚属,多所箴谏。著有《徙戎论》。《晋

书》有传。洗马,太子属官。秦置,汉因之。掌管宾赞受事,太子出行则为前导。西汉属于太子太傅、少傅,俸禄为比六百石。东汉属于太子少傅。三国魏国、蜀国亦置。晋朝时,为七品,是太子詹事属官,执掌太子图籍、经书等,太子出行则前导威仪。统,底本原作"充",作"统"据《说郛》本改。

⑥孙参军楚:孙楚(约218—293),字子荆,太原中都(今山西平遥)人。西晋文学家,曾任参军、著作郎、冯翊太守等。《晋书》有传。参军,又称作参军事,东汉末车骑将军幕府置为僚属,掌参谋军务。曹操为丞相时,总揽军政,其僚属常有参丞相军事之名,职任颇重。西晋公以上领兵持节都督者,置参军六人,协助治理府事。东晋公府等所设僚属诸曹置,为诸曹长官,不开府将军出征时亦置。

⑦桓扬州温:桓温(312—373),字元子,谯龙亢(今安徽怀远西北)人。桓彝的儿子,东晋著名政治家、军事家。他很小的时候被温峤称赞,故桓彝以温作为其名。长大后,娶晋明帝女南康公主为妻,被拜为驸马都尉。后又曾任琅琊太守、辅国将军、都督、安西将军、荆州刺史、南蛮校尉等。永和三年(347),出兵消灭割据益州的成汉李氏王朝,永和四年升为征西大将军。兴宁元年(363),加授侍中、大司马、都督中外诸军事、录尚书事、假黄钺。次年,又为扬州牧、录尚书事。太和六年(371),桓温为立威名,废晋帝司马奕为海西公,立司马昱为帝。宁康元年(373),病重,欲要朝廷加九锡,谢安等人故意拖延,终未及加九锡而去世。

⑧武康:以县有武康山而得名,西晋太康元年(280)改永安县置,属吴兴郡,治所在今浙江德清西。隋开皇九年(589)废,仁寿二年(602)复置,属湖州,徙治今德清县,大业三年(607)改属余杭郡。唐初李子通在此置安州,寻改武州,武德七年(624)复属湖州。释法瑶:俗姓杨氏,河东(今山西西南部)人。大约生于东晋安帝之世,少时出家,喜欢四处寻师访友。

刘宋景平中游学兖州、豫州,勤学善思,贯通众经,旁及异部。元嘉中过江,为沈演之邀请,驻锡武康小山寺,潜心修行。大明六年(462),宋孝武帝敕令至建康驻锡新安寺。元徽年间圆寂,享年七十六岁。

⑨沛国:东汉建武二十年(44)改沛郡置,治所在相县(今安徽淮北西北),属豫州,辖境大致相当今安徽萧县、亳州、固镇、五河、灵璧、淮北、濉溪、宿州、宿县及江苏沛县、丰县、河南永城等地。三国魏国移治沛县(今江苏沛县)。西晋复治相县,后复为郡。夏侯恺:字万仁,晋干宝《搜神记》中的人物。

⑩虞洪:汉东方朔《神异记》中的人物。

⑪北地:北地郡,战国秦昭王三十六年(前271)置,治义渠县(今甘肃宁县西北)。西汉移治马岭县(今甘肃庆阳西北),东汉移治富平县(今宁夏吴忠西南),属凉州,后又属雍州、豳州、宁州,辖境大致相当今甘肃庆阳西峰区和宁县、合水、正宁及陕西省旬邑、彬县、长武等地。傅巽:字公悌,北地泥阳(今陕西耀县东南)人。曾任尚书郎、散骑常侍、侍中、尚书等。有知人之鉴,在魏明帝太和中去世。代表作有《槐树赋》《蚊赋》《笔铭》等。

⑫弘君举:西晋丹阳(今江苏南京)人。著有《食檄》,今已散佚。

⑬乐:底本原脱,"乐"据刘孝标注《世说新语》补入。任育长:任瞻,字育长。年轻时,名声很好,在晋武帝司马炎驾崩后,朝廷选了一百二十名跟随灵柩唱挽歌的人,其也在其中。曾任仆射、都尉、天门太守等。长,底本原脱,据《说郛》本补入。

⑭秦精:东晋陶潜《搜神后记》中的人物。

⑮单道开:东晋敦煌(今甘肃敦煌)僧人,俗姓孟。自幼出家,隐居深山,刻苦修行,不畏寒暑,昼夜不卧,服药数丸,药有松蜜姜桂茯苓之气,时复饮茶苏一二升。初自西平至邺,石虎令佛图澄与语,不能屈,遂止邺城。

后徙临漳昭德寺,后又至建康、南海,入罗浮山。《晋书》有传。

⑯剡县:汉景帝四年(前153)置剡县(今浙江嵊州),属会稽郡,历两汉三国南北朝不变。王莽时易名尽忠县。隋开皇九年(589)平陈,省郡县,废会稽郡,改东扬州为吴州,置总管府,总管原东扬州诸郡。陈务妻:南朝宋刘敬叔《异苑》中的人物。

⑰广陵:今江苏扬州。老姥:老妇人。

⑱河内:秦置,治怀县(今河南武陟西南)。西汉辖境大致相当今河南黄河以北、太行山以南,安阳、滑县以西地区。西晋徙治野王县(今河南沁阳),魏、晋属司州。隋开皇三年(583)废,大业初及唐天宝、至德时,曾改怀州为河内郡。山谦之(420—470):南朝宋河内人。著名史学家,曾任史学生、学士、奉朝请等。著有《丹阳记》《吴兴记》《寻阳记》等。

[译文]

西晋在惠帝司马衷,司空刘琨,刘琨的侄子兖州刺史刘演,黄门侍郎张载,司隶校尉傅咸,太子洗马江统,参军孙楚,记室左思,吴兴人陆纳,陆纳的侄子会稽内史陆俶,冠军将军谢安,弘农太守郭璞,扬州牧桓温,中书舍人杜育,武康小山寺的僧人释法瑶,晋干宝《搜神记》中的沛国人夏侯恺,汉东方朔《神异记》中的余姚人虞洪,北地人傅巽,丹阳人弘君举,乐安人任瞻,东晋陶潜《搜神后记》中的宣城人秦精,敦煌僧人单道开,剡县陈务妻,广陵老姥,河内人山谦之。

后魏① 琅琊王肃②。

〔注释〕

①后魏:北朝的北魏(386—534),鲜卑族拓跋珪所建,原建都平城(今山西大同),493年,孝文帝拓跋宏迁都洛阳。534年,北魏分为东魏和西魏。

②琅琊:又称作琅玡,古地名,在今山东琅琊。王肃(464—501):字恭懿,琅琊(今山东临沂)人。仕齐为秘书丞,因父王奂被杀,于孝文帝太和十七年(493)奔魏。孝文帝在邺召见他,其建议大举南征,与文帝心意契合,用为大将军长史。不久,以进攻义阳有功,迁平南将军、豫州刺史、扬州大中正,又辅助孝文帝议定朝典官制。孝文帝去世之后,其遗诏以王肃为尚书令。宣武帝用王肃为扬州刺史,镇寿春。王肃尽心于防边安民,被封为昌国县侯。《魏书》有传。

〔译文〕

后魏时期有琅琊人王肃。

宋^① 新安王子鸾,鸾兄豫章王子尚^②,鲍昭妹令晖^③,八公山沙门昙济^④。

〔注释〕

①宋:指南朝宋国(420—479),刘裕推翻东晋政权而建立,国号称为宋,又称作刘宋,建都建康(今江苏南京)。479年为萧道成所推翻。

②"新安王子鸾"两句:刘子鸾(456—465),彭城人,字孝羽,宋孝武帝第八子,封新安王。曾任南琅琊太守、中书令、司徒等。刘子尚(451—

466），彭城人，字孝师，宋孝武帝第二子，封西阳王、豫章王。曾都督扬、南徐二州诸军事。《宋书》有传。兄，底本原作"弟"，据《宋书》改。

③鲍昭妹令晖：鲍昭，即鲍照（约415—470），字明远。南朝宋文学家，与颜延之、谢灵运合称"元嘉三大家"。他长于乐府诗，其七言诗对唐代诗歌的发展起了很重要的作用。有《鲍参军集》传世。其妹鲍令晖，有才思，工诗赋，善拟古，风格清巧。钟嵘《诗品》说她"歌诗往往崭绝清巧，《拟古》尤胜"。鲍令晖著有《香茗赋集》，该书已经亡佚。

④八公山：又称作北山、淝陵山，在今安徽寿县城北，处淮河东岸，东淝河入淮河处以北。东晋太元八年（383）淝水之战，谢石、谢玄率兵抗击前秦苻坚南侵，苻坚兵败。沙门：佛教术语，原指出家修行、苦行、禁欲，以乞食为生的宗教人士，后来成为佛教男性出家人比丘的代称。昙济：南朝宋代僧人，著有《六家七宗论》。《高僧传》有传。昙，底本原作"潭"，据下文"诣昙济道人于八公山"改。

〔译文〕

南朝宋时有新安王刘子鸾，子鸾的兄长豫章王刘子尚，鲍照的妹妹鲍令晖，八公山的和尚释昙济。

齐① 世祖武帝②。

〔注释〕

①齐：南朝齐国（479—502），萧道成推翻南朝刘宋政权所建，建都建康（今江苏南京）。502 年，为萧衍所灭。

②世祖武帝：萧赜（440—493），南朝齐国的第二个皇帝，字宣远，小

字龙儿,齐高帝长子。刘宋末,任江州刺史、中军大将军。萧齐初建,立为皇太子。其即位后,以旧怨诛杀散骑常侍荀伯玉、五兵尚书垣崇祖、车骑将军张敬儿等;镇压富阳唐寓之起事。重视文学、教育,立国学,以王俭领国子祭酒;又修订张斐、杜预两家律注成书。其崇信佛教,不喜游宴、雕绮之事,临终嘱丧礼从简,不得烦民。在位十一年,谥为武,庙号世祖。

〔译文〕

　　南朝时期有齐世祖武皇帝萧赜。

梁① 刘廷尉②,陶先生弘景③。

〔注释〕

　　①梁:南朝梁国(502—557),萧衍推翻南朝齐国所建立,国号梁。因为皇帝姓萧,又称萧梁,建都建康(今江苏南京)。557年,为陈霸先所推翻。

　　②刘廷尉:刘孝绰(481—539),本名冉,小字阿士,彭城(今江苏徐州)人。他七岁能撰写文章,少号神童。初为著作佐郎,历秘书丞、太府卿、秘书监等。其文章为当世所宗,每作一文,流布四方。昭明太子画其像于乐贤堂,召其为己编辑文集。其负才仗气,与人多忤,迁廷尉卿,因事免,复用为湘东王咨议参军,官至秘书监卒。其著述有明人辑有《刘秘书集》。《梁书》有传。

　　③陶先生弘景:陶弘景(？—536),字通明,丹阳秣陵(今江苏南京南)人。他十岁读葛洪《神仙传》,就有养生之志。其勤奋好学,读书万余卷,

长于阴阳五行、风角星算、山川地理、方图产物、医术本草，兼通琴棋书法。南朝齐时，其任诸王侍读、奉朝请等，后隐居茅山，从孙游岳受符图经法。萧梁代齐，进献图谶，甚为梁武帝所重，与其书信不绝。大同二年（536）卒，谥贞白先生。著有《神农本草经集注》《真诰》《洞玄灵宝真灵位业图》《冥通记》等传世。《梁书》有传。

〔译文〕

南朝时期梁朝有廷尉刘孝绰，贞白先生陶弘景。

皇朝①　徐英公勣②。

〔注释〕

①皇朝：指唐王朝。

②徐英公勣：徐勣，即李勣（？—669），字懋功，唐朝名将，本姓徐氏，名世勣，后以犯太宗讳，单名勣。曾任黎州总管、并州都督、尚书左仆射、司空等。其用兵多筹算，及战胜，必推功于下，得金帛，尽散之士卒。《新唐书》《旧唐书》皆有传。

〔译文〕

唐朝有英国公徐勣。

《神农食经》①："茶茗久服，令人有力、悦志。"

〔注释〕

①《神农食经》:传说为炎帝神农氏所撰,已亡佚,历代史书《艺文志》均未见记载。据说《汉书·艺文志》记录有《神农黄帝食禁》。按:疑《神农食经》为《神农黄帝食禁》的简称,著者在《汉书·艺文志》里将其归为"经方类",而"经方类"书籍多记录汉代以前的中医方剂。从陆羽《神农食经》摘引文意可知,茶具有医药价值。

〔译文〕

《神农食经》里说:"长时间服用茶,能使人精力充沛、心情愉悦。"

周公《尔雅》:"槚,苦荼。"

〔译文〕

周公《尔雅》中记载:"槚就是苦荼。"荼,底本原作"茶",据《尔雅》改。

《广雅》云①:"荆、巴间采叶作饼,叶老者,饼成,以米膏出之。欲煮茗饮,先炙令赤色,捣末置瓷器中,以汤浇覆之,用葱、姜、桔子芼之②。其饮醒酒,令人不眠。"

〔注释〕

①《广雅》:字书,三国魏张揖撰。隋代避炀帝杨广讳,改名《博雅》,后

复用原名。该书卷首有张揖《上广雅表》,自言此书分上、中、下三卷,唐以来析为十卷,篇目次序依据《尔雅》,博采汉人笺注及《三仓》《说文》《方言》诸书,以增广《尔雅》,故名,为研究古代词汇和训诂的重要资料。清王念孙有《广雅疏证》,订讹补缺,由音求义,较为精审。

②芼(mào):拌和。

〔译文〕

《广雅》里记载:"荆州、巴州地区,采摘茶叶制作茶饼,芽叶较老的,茶饼做成时,要添加米糊才行。想要煮茶饮用,应该先将茶饼炙烤变成红色,然后捣成碎末放置在瓷器中,再浇灌沸水把茶末覆盖起来,加入葱、姜、橘子在一起拌和。饮用此茶可以醒酒,让人精神兴奋、难以入睡。"

《晏子春秋》①:"婴相齐景公时,食脱粟之饭,炙三弋、五卵②,茗菜而已③。"

〔注释〕

①《晏子春秋》:又称作《晏子》,旧题齐晏婴撰,实为后人采晏子事辑成,是记载齐国政治家晏婴言行的一部历史典籍。书中记录了很多晏婴劝告君主勤政,不要贪图享乐,以及爱护百姓、任用贤能和虚心纳谏的事例,成为后世人学习的榜样。

②三弋(yì)、五卵:几样禽类、蛋类。弋,禽类。卵,蛋类。三、五在我国古代典籍中多为虚数。弋,据《太平御览》卷867所引改。

③茗菜:用茶做成的菜。按:一般认为晏子当时所食是苔菜而非茗菜,苔菜又称作蜀芹、楚葵、紫堇,是我国古代常见的蔬菜。

〔译文〕

《晏子春秋》里记载:"晏婴在担任齐景公的国相时,吃的是粗粮米饭,还有几样禽类、蛋类,以及苔菜罢了。"

司马相如《凡将篇》①:"乌喙②、桔梗③、芫华④、款冬⑤、贝母⑥、木檗⑦、蒌⑧、芩⑨、草芍药⑩、桂、漏芦⑪、蜚廉⑫、雚菌⑬、荈诧⑭、白敛⑮、白芷⑯、菖蒲⑰、芒消⑱、莞椒⑲、茱萸。"

〔注释〕

①《凡将篇》:西汉司马相如所撰的字书,已经亡佚。《全汉文》辑得部分残文,马国翰《玉函山房辑佚书》有辑本。《四库全书总目提要》:"陆羽《茶经》……《七之事》所引多古书,如司马相如《凡将篇》一条三十八字,为他书所无,亦旁资考辨之一端矣。"

②乌喙(huì):又称作附子、附片、盐附子、黑顺片、白附片,以其块茎形似得名,为毛茛科植物。其呈圆锥形,表面为灰黑色,带有盐霜,顶端有凹陷的芽痕,周围有瘤状突起的支根或支根痕。其药性为辛、甘、热、有毒。其功效为回阳救逆、补火助阳、散寒除湿等。

③桔梗:又称作包袱花、铃铛花等,为桔梗科多年生草本植物,呈圆柱形或略呈纺锤形,下部渐细,有的有分枝,略扭曲,表面为白色或淡黄白

色,不去外皮者表面为黄棕色或灰棕色。其质坚脆、易折断。其药性为苦、辛、平。其功效为宣肺、利咽、祛痰、排脓等。

④芫(yuán)华:即芫花,又称作南芫花、芫花条、药鱼草、头痛花、闷头花等,为瑞香科落叶灌木。其叶通常对生,偶为互生,呈椭圆形或长椭圆形,花被筒表面为淡紫色或灰绿色,密被为短柔毛,根外表为黄棕色或黄褐色,根皮富有韧性。其药性为苦、辛、有毒。其功效为泻水逐饮、解毒杀虫。

⑤款冬:又称作冬花、款花、看灯花、艾冬花、九九花等,为菊科植物。其呈长圆棒状,上端较粗,下端渐细或带有短梗,外面有多数鱼鳞状苞片。其药性为辛、微苦、温。其功效为润肺下气、止咳化痰。

⑥贝母:又称作川贝母、川贝等,为百合科植物,呈广卵形、长圆形或不规则圆形,有的边缘不平整或略作分枝状,表面为类白色或浅棕黄色。其质硬而脆,断面为白色,富粉性。其药性为苦、甘、微寒。其茎可供药用,具有清热润肺、化痰止咳的功效。

⑦木蘗:又称作黄蘗、元柏、蘗木、黄柏,为芸香科落叶乔木。其木材坚硬,茎可制黄色染料,树皮可入药。其药性为苦、寒。其功效为清热燥湿、泻火除蒸、解毒疗疮。

⑧蒌(lóu):即瓜蒌,为葫芦科植物,呈类球形或宽椭圆形。其药性为甘、微苦、寒。其功效为清热涤痰、宽胸散结、润燥滑肠。

⑨芩:即黄芩,又称作山茶根、黄芩茶、土金茶根,为唇形科植物。其呈圆锥形,表面为棕黄色或深黄色,有稀疏的细根,上部较粗糙,有扭曲的纵皱或不规则的网纹,下部有顺纹和细皱。其质硬而脆、易折断,断面为黄色,中间为红棕色;老根中心枯朽状或中空,呈暗棕色或棕黑色。其药性为苦、寒。其功效为清热燥湿、泻火解毒、止血、安胎等。

⑩草芍药:又称作山芍药、卵叶芍药、参幌子、野芍药,为毛茛科多年

生草本植物。其根肥大，呈圆柱形或纺锤形，有分枝，外皮为棕红色，茎直立、光滑无毛。其顶生小叶片最大，呈倒卵形或阔卵形，侧生小叶片稍小，呈椭圆状倒卵形或卵形。其一般在农历五月至六月开花，花为淡绿色或淡红色。其药性为苦、平。其功效为行瘀、止痛、凉血、消肿等。

⑪漏芦：又称作狼头花，为菊科植物，呈圆锥形或扁片块状，多扭曲，长短不一，表面为暗棕色、灰褐色或黑褐色，比较粗糙，具有纵沟及菱形的网状裂隙。其药性为苦、寒。其功效为清热解毒、消痈、下乳、舒筋通脉等。

⑫蜚廉：即蜚廉虫，能治妇人寒热。《吴氏本草》曰："蜚廉虫，神农、黄帝云治妇人寒热。"

⑬藿（huán）菌：一种菌类植物，可入药。

⑭荈（chuǎn）诧：茶的老叶，即粗茶。

⑮白敛：即白蔹，又称作山地瓜、野红薯、山葡萄秧、白根、五爪藤等，为葡萄科植物，纵瓣呈长圆形或近纺锤形，体轻，质硬脆、易折断，折断时，有粉尘飞出。其药性为苦、微寒。其功效为清热解毒、消痈散结。

⑯白芷：伞型科植物，呈长圆锥形，质坚实，断面为白色或灰白色，皮部散有多数棕色油点，气芳香。其药性为辛、温。其功效为散风除湿、通窍止痛、消肿排脓。

⑰菖（chāng）蒲：为天南星科，有白菖蒲、藏菖蒲等种类。其药性为辛、苦、温。其功效为化湿开胃、开窍豁痰。

⑱芒消：又称作盆消、芒硝、马牙消、英消，晶体结构属于斜晶系，晶体呈短柱状或针状，有时为板条状或似水晶的假六方棱柱状。其药性为辛、苦、咸、寒。其功效为软坚泻下、清热除湿、破血通经、消肿疗疮。

⑲莞（guān）椒：即花椒，为芸香科植物，外表面呈灰绿色、暗绿色、紫红色或棕红色，散有多数油点及细密的网状隆起皱纹，内表面呈类白色，

光滑,内果皮常由基部与外果皮分离。其药性为辛、温。其功效为温中止痛、杀虫止痒。

〔译文〕

汉司马相如《凡将篇》中记载:"乌喙、桔梗、芫花、款冬花、贝母、黄柏、瓜蒌、黄芩、山芍药、肉桂、漏芦、蜚廉虫、雚菌、粗茶、白蔹、白芷、菖蒲、芒硝、花椒、茱萸。"

《方言》[①]:"蜀西南人谓茶曰蔎。"

〔注释〕

①《方言》:西汉扬雄撰,原书为 15 卷,隋以后传本作 13 卷。其体例模仿《尔雅》所作,分类编集各地方言同义词语,一名一物皆详其地域言语之异同,据此可略知汉代及先秦不同方言的分布情况,为研究汉语史及训诂学提供了重要资料。应劭注《汉书》、孙炎注《尔雅》、杜预注《左传》,皆多所引证。晋郭璞曾为该书作注,戴震撰《方言疏证》,钱绎撰《方言笺疏》,在整理的同时均有所发明。按:《茶经》所引本句不见于今传本《方言》原文。蔎,底本原作"葭",作"蔎"据《说郛》本改。

〔译文〕

汉朝扬雄《方言》里记载:"蜀西南一带的人们把茶叫作蔎。"

《吴志·韦曜传》："孙皓每飨宴，坐席无不率以七升为限，虽不尽入口，皆浇灌取尽。曜饮酒不过二升，皓初礼异，密赐茶荈以代酒①。"

〔注释〕

①"孙皓每飨宴……密赐茶荈以代酒"：这段文字是《三国志》卷65中《韦曜传》所记，陆羽引用此段文字和今传本《三国志·吴志·韦曜传》所载略有不同。

〔译文〕

《三国志·吴志·韦曜传》中记载："孙皓每回设宴，规定客人都要喝够七升酒才可以，即使不能全部喝下去，也要强灌喝完。韦曜的酒量不超过二升。孙皓当时非常尊重他，就暗中赐他茶来代替酒。"

《晋中兴书》①："陆纳为吴兴太守时，卫将军谢安尝欲诣纳。《晋书》云：纳为吏部尚书②。纳兄子俶，怪纳无所备，不敢问之，乃私蓄十数人馔。安既至，所设唯茶果而已。俶遂陈盛馔，珍羞毕具。及安去，纳杖俶四十，云：'汝既不能光益叔父，奈何秽吾素业？'"

①《晋中兴书》：南朝宋何法盛撰，原为78卷（一作80卷），记东晋一代史事。刘知几称为东晋史书中之最佳者。该书已经亡佚。今有清黄奭辑本，520余则，收入《汉学堂丛书》。又有清汤球辑本，共7卷，卷1为《帝纪》，卷2为《悬象说》，卷3为《徵祥说》，卷4为《后妃传》，卷5为《百官公卿表注》，卷6为《盛蕃录》，卷7分郡记录大族姓氏，如《琅琊王录》《陈留阮录》《范阳祖录》《浔阳陶录》《吴郡顾录》《丹阳纪录》《陈郡谢录》等，计有32族，收入《广雅书局丛书》。近人陶栋也辑有2卷，上卷为《诸帝纪略》，下卷为《诸臣传略》，附《史述论》一则、《胡俗》二则，收入《辑佚丛刊》。

②纳为吏部尚书：《晋书·陆晔传陆纳传》："(陆)纳字祖言。少有清操，贞厉绝俗。初辟镇军大将军、武陵王掾，州举秀才。太原王述雅敬重之，引为建威长史。累迁黄门侍郎、本州别驾、尚书吏部郎，出为吴兴太守。……迁太常，徙吏部尚书，加奉车都尉、卫将军。谢安尝欲诣纳，而纳殊无供办。"陆纳当时任吏部尚书一职。

〔译文〕

《晋中兴书》里记载："陆纳担任吴兴太守时，卫将军谢安想去拜访他。据《晋》记载：陆纳当时担任吏部尚书一职。陆纳的侄子陆俶奇怪他没有什么准备，但又不敢询问他，便私自准备了十多人的佳肴。谢安来到之后，陆纳仅摆出茶和果品来招待。于是陆俶摆上丰盛的佳肴，各种可口的食物都有。等到谢安走后，陆纳打了陆俶四十棍，说：'你既然不能为你叔父增光添彩，为什么还要玷污我清白的操守呢？'"

《晋书》："桓温为扬州牧，性俭，每燕饮，唯下七奠柈茶果而已①。"

〔注释〕

①此段文字与《晋书·桓温传》略同。《晋书·桓温传》："(桓)温至赭圻，诏又使尚书车灌止之，(桓)温遂城赭圻，固让内录，遥领扬州牧。属鲜卑攻洛阳，陈祐出奔，简文帝时辅政，会(桓)温于洌洲，议征讨事，(桓)温移镇姑孰。会哀帝崩，事遂寝。(桓)温性俭，每燕，惟下七奠柈茶果而已。"奠(dìng)，与"饤"同，供陈设的食品。

〔译文〕

《晋书》记载："桓温担任扬州太守，他崇尚节俭，每次举办宴会，仅设七盘茶果罢了。"

《搜神记》①："夏侯恺因疾死。宗人字苟奴，察见鬼神，见恺来收马，并病其妻。著平上帻②，单衣③，入坐生时西壁大床，就人觅茶饮。"

〔注释〕

①《搜神记》：东晋干宝著，凡30卷，460余篇。书中虽多为神灵鬼怪之事，但亦有不少篇章如《董永》《三王墓》《韩凭夫妇》等，为反抗强暴、歌

颂忠贞爱情之佳作。原书已经散佚，今本由明人辑录而成。干宝，字令升，新蔡（今河南新蔡）人，丹阳丞干莹子。勤学，博览群书，好阴阳术数。以才器召为著作郎，平杜弢有功，封侯，领国史。著《晋纪》，另著有《春秋左氏义外传》。曾任山阴令、始平太守，终于散骑常侍。

②平上帻（zé）：魏晋时武官所戴的平顶头巾。隋朝时侍臣及武官皆佩戴。唐朝时为武官、卫官的官服佩饰，而天子、皇太子只有在乘马时佩戴。

③单衣：用帛或者绵布制成的衣服。《汉书·景十三王传》："彭祖衣帛布、单衣。"唐颜师古："或帛或布，以为单衣。"

〔译文〕

《搜神记》里记载："夏侯恺因病去世。有位同族之人名叫苟奴，能够看见鬼神。他见到夏侯恺来取马匹，并且使他的妻子生病了。苟奴看见他头上佩戴着平顶头巾，身穿用帛或绵布制成的衣服，进屋后坐到生前常坐的靠西壁的大床上，招呼人要茶饮用。"

　　刘琨《与兄子南兖州史演书》云①："前得安州干姜一斤②、桂一斤、黄芩一斤，皆所须也。吾体中愦闷③，常仰真茶④，汝可置之。"

〔注释〕

①南兖州：东晋元帝侨置兖州于京口（今江苏镇江）。南朝宋永初元

年(420)改名南兖州。元嘉八年(431),移治广陵县(今江苏扬州)。辖境大致相当今江苏淮河以南长江以北,安徽凤阳、滁州等以东地。北齐改为东广州,南朝陈太建中复为南兖州,北周大象中又改为东广州。

②安州:南朝宋孝建元年(454)析江夏郡置,属郢州,治所在安陆县(今湖北安陆)。南朝梁为南司州治。西魏大统十六年(550)为安州治。北周大象初为郧州治,寻复为安州治。隋开皇初废,大业三年(607)复置。唐武德初改名安州,天宝初复名安陆郡,乾元初复名安州,辖境大致相当今湖北安陆、孝感、广水、应城、京山、云梦等地。

③愦(kuì):昏乱,烦闷。

④真茶:好茶,名茶。

〔译文〕

　　刘琨《与兄子南兖州史演书》里说:"先前收到你寄来的安州干姜一斤、桂花一斤、黄芩一斤,这都是我想要的。我心情烦闷,常常仰仗好茶来提神解闷,你可以多给我购买一些。"

　　傅咸《司隶教》曰①:"闻南方有蜀妪,作茶粥卖②。为廉事③,打破其器具,后又卖饼于市。而禁茶粥以蜀姥,何哉?"

〔注释〕

　　①司隶教:司隶校尉的指令。司隶校尉,两汉皆置,秩比二千石,掌察举京师及京师近郡犯法者,并领京师所在之州,有从事史十二人,分掌诸

事。其后，魏和西晋沿置，东晋罢。

②茶粥：烧煮的浓茶，因其表皮呈稀粥之状，故称之。唐储光羲《吃茗粥作》："淹留膳茶粥，共我饭蕨薇。"唐杨晔《膳夫经手录》："茶，古不闻食之。近晋、宋以降，吴人采其叶煮，是为茗粥。"

③廉事：贩卖茶粥。东汉应劭《风俗通》："颍川黄子廉，每饮马辄投钱于水。"唐封演《封氏闻见记》："自邹、齐、沧、棣，渐至京邑，城市多开店铺，煎茶卖之，不问道俗，投钱取饮。"廉，底本原作"帘"，今据《太平御览》卷867改。

〔译文〕

傅咸《司隶教》里记载："听说南方蜀地有一位老婆婆，制作茶粥售卖。从事贩卖茶粥，被打破其器具，后来她又在市上卖饼。禁止蜀地老婆婆卖茶粥，这究竟是为什么呢？"

《神异记》①："余姚人虞洪，入山采茗，遇一道士，牵三青牛。引洪至瀑布山，曰：'予，丹丘子也。闻子善具饮，常思见惠。山中有大茗，可以相给。祈子他日有瓯牺之余，乞相遗也。'因立奠祀。后常令家人入山，获大茗焉。"

〔注释〕

①《神异记》：西晋王浮著，原书已经亡佚。王浮为道士，大约为西晋惠帝时人，官祭酒，曾作《老子化胡经》，以诬谤佛法。此书清文廷式《补晋

书·艺文志》著录，未言卷数，亦不知亡于何时。《太平御览》《太平广记》《事类赋注》《太平寰宇记》等书存其佚文，均未题撰人姓氏。唯《太平御览》卷867称："王浮《神异记》。"佚文大都残缺不全，仅存片段，内容多记仙人、仙品、仙境诸事，颇符合王浮的道士身份。今存有《稗史集传》本。鲁迅《古小说钩沉》辑录8则，较完备者仅3则，其余皆零碎片段。

〔译文〕

《神异记》里记载："余姚人虞洪，进入山里采茶叶，遇到了一位道士，手里牵着三头青牛。道士领着虞洪来到瀑布山，说：'我是丹丘子。听闻你擅长煮茶喝，常想请你送些给我品尝。山中有棵大茶树，可以供你采摘。希望你往后有喝不完的茶，能送一点给我喝。'于是虞洪设奠祭祀丹丘子。后来他经常指派家人进山，终于采到大茶树的茶。"

左思《娇女诗》①："吾家有娇女，皎皎颇白皙②。小字为纨素③，口齿自清历④。有姊字惠芳，眉目粲如画。驰骛翔园林⑤，果下皆生摘。贪华风雨中，倏忽数百适⑥。心为茶荈剧，吹嘘对鼎𬬮⑦。"

〔注释〕

①左思《娇女诗》：该诗以诗人的敏锐和慈父的怜爱，选取了两个女儿寻常的生活细节，写出了两个女儿幼年逗人喜爱的娇憨，同时也写出了两个女儿令人哭笑不得的天真顽劣，展露了幼女天真无邪的纯朴天性。原

诗本为五十六句,陆羽仅摘录有关茶的十二句。

②皙(xī):皮肤白。

③小字:小名,乳名。此处指小的名叫"纨素",与下文"有姊字蕙芳"相对应。

④清历:分明,清楚。

⑤驰骛:疾驰,奔腾。

⑥倏(shū)忽:顷刻,指极短的时间。适:到,往。

⑦"心为茶荈剧"两句:遇见煮茶心里就激烈地兴奋,对着茶炉就往里面吹气。吹嘘,吹气。鬲(lì),与"鬲"同,我国古代的炊具,形状像鼎而足部中空,有三足,可以直接在其下生火。

〔译文〕

西晋左思《娇女诗》中记载:"我家有两个乖巧的女儿,皮肤长得非常白皙。小的名叫纨素,口齿极为伶俐。姐姐名叫惠芳,眉目美如画。在园林里疾驰像飞翔一样,果子未成熟就摘下来。喜爱花不管刮风下雨,顷刻间进出百余次。遇见煮茶心里就激烈地兴奋,对着茶炉就往里面吹气。"

张孟阳《登成都楼诗》云①:"借问扬子舍,想见长卿庐②。程卓累千金③,骄侈拟五侯④。门有连骑客,翠带腰吴钩⑤。鼎食随时进,百和妙且殊⑥。披林采秋橘,临江钓春鱼。黑子过龙醢⑦,果馔逾蟹蝑⑧。芳茶冠六清⑨,溢味播九区⑩。人生苟安乐,兹土聊可娱。"

〔注释〕

①张孟阳《登成都楼诗》：《艺文类聚》作晋张载《登成都白菟楼》，《晋书·张载传》："张载，字孟阳，安平人也。父收，蜀郡太守。载性闲雅，博学有文章。太康初，至蜀省父，道经剑阁。"一般认为张载此诗作于太康年间，原诗32句，陆羽仅摘录有关茶的16句。白菟楼，又称作百尺楼、宣明楼、张仪楼，战国秦建，到了唐代还保存着，在今四川成都城西南。

②"借问扬子舍"两句：扬子，即扬雄。长卿，即司马相如。扬雄和司马相如都是成都人，皆为著名的文学家，都曾住在距离白菟楼不远的地方。扬，底本原作"杨"，作"扬"据《说郛》本改。

③程卓：指汉代程郑和卓王孙两个富商家族。累千金：形容积累的财富多，十分富裕。程郑祖先在战国时本为关东人，秦灭关东六国，被迁至蜀郡临邛，与卓氏同县。其从事锻造铁器等，运销西南少数民族地区，获取巨利，其富与卓氏相等。

④骄侈拟五侯：指程郑和卓王孙两个富商家族骄奢淫逸，比得上王侯之家。五侯，即公、侯、伯、子、男五等爵。五侯，亦指同时封侯的五人，汉成帝时，同时封王谭、王商、王立、王根、王逢时，称为王氏五侯；东汉光武封王兴五子为侯；桓帝时封宦者单超、徐璜、具瑗、左悺、唐衡五人为侯；梁冀把持政权时，其子及宗亲五人为侯，人称梁氏五侯。后来五侯为权贵之家的泛称。

⑤"门有连骑客"两句：有贵宾带着众多骑从，腰带上镶嵌着翠玉、佩挂着宝剑。连骑，形容骑从之盛。翠带，镶嵌着翠玉的皮带。吴钩，春秋时期吴人善铸钩，故称之，后也泛指利剑。

⑥"鼎食随时进"两句：鼎食：列鼎而食，指世家大族的豪奢生活。《墨

子》:"故凶饥存乎国,人君彻鼎食五分之五。"时,时节。进,奉上。百和,形容烹调的菜肴种类众多。和,烹调。殊,不同,特别。

⑦黑子:即蜀椒子,又称作川椒目,为芸香科植物花椒的种子,呈卵圆形或类球形,表面黑色有光泽。北魏贾思勰《齐民要术》:"种椒,熟时收取黑子。"龙醢(hǎi):用龙肉制成的酱,此处指美味佳肴。

⑧果馔(zhuàn):果品与菜肴,泛指饮食。馔,陈设饮食。蟹蝑(xū):蟹酱。汉刘熙《释名》:"取蟹藏之,使骨肉解之。"

⑨芳茶冠六清:香茶超过水、浆、醴(lǐ)、醇(liáng)、医、酏(yǐ)六种饮料。六清,即水、浆、醴、醇、医、酏六种饮料。《周礼》:"饮用六清。"清,底本原作"情",今据《太平御览》改。

⑩九区:即九州,指传说中的我国中原上古行政区划,州名未有定说。《尚书·禹贡》作冀州、兖州、青州、徐州、扬州、荆州、豫州、梁州、雍州。《吕氏春秋·有始览》作冀州、兖州、青州、徐州、扬州、荆州、豫州、幽州、雍州。《周礼·夏官司马·职方氏》作冀州、兖州、青州、并州、扬州、荆州、豫州、幽州、雍州。《尔雅·释地》作冀州、兖州、幽州、徐州、扬州、荆州、豫州、营州、雍州。九州大约是春秋、战国时学者就其所知的大陆所划分的九个地理区域。

〔译文〕

张孟阳《登成都楼诗》中记载:"请问一下扬雄的住处在何地?司马相如的旧时住所又是什么模样?程郑、卓王孙两大富豪,骄奢淫逸,比得上任何五侯之家。他们的门前有贵宾带着众多骑从,腰带上镶嵌着翠玉、佩挂着宝剑。家中钟鸣鼎食,各种各样的时新美味精妙无比。秋天人们走进橘林中采摘柑橘,春天人们在江边持竿而钓。蜀椒子远胜过美味佳肴,果品与菜肴胜过蟹酱。香茶超过水、浆、醴、酏、医、酏等六种饮料,它的美味在全天下都极负盛名。如果一辈子只是追求安逸,成都这块乐土还是能让人们尽情享乐的。

傅巽《七诲》①:"蒲桃、宛柰②,齐柿、燕栗。恒阳黄梨③,巫山朱橘,南中茶子④,西极石蜜⑤。"

〔注释〕

①傅巽《七诲》:傅巽的一篇文章。七为文体的一种,古亦称七体,是赋的一种形式。南朝时梁统《文选》把"七"这种文体列为一种门类。近人严可均《全上古三代秦汉三国六朝文》仅辑佚傅巽《七诲》的部分内容。

②蒲桃、宛柰(nài):卫邑(今河南长垣)的桃、楚邑(今河南南阳)的花红。蒲,为春秋卫邑,即今河南长垣。《左传》:"桓公三年(前709),'夏,齐侯、卫侯胥命于蒲。'杜(预)注:'蒲,卫地。在陈留长垣县西南。'"《初学记》:"'蒲邑桃城。'《左传》曰:'齐侯、卫侯胥命于蒲。'注曰:'蒲,宁殖邑也。'《续汉书》云:'桃城在燕县南。'"宛,春秋战国楚邑,在今河南南阳。柰,苹果的一种,又称作花红、柰子、沙果,外皮多为深红色,并有暗红色条纹或装饰断线,其肉质细密呈黄白色,有特殊的芳香。

③恒阳:恒山的南面。恒,即恒山,又称作常山、大茂山,为五岳之北岳,在今河北曲阳西北。《尚书·禹贡》:"太行恒山,至于碣石。"

④南中:地区名,三国蜀汉以巴蜀为根据地,其地在巴蜀之南,故名。西晋泰始七年(271),析其中四郡置宁州,治所在滇池县(今云南晋宁东北晋城镇)。后宁州所统郡县屡有变动,直至东晋时,仍称宁州之地为南中,

辖境大致相当于今四川大渡河以南及云、贵两省。

⑤西极石蜜:西方极远之地的石蜜。西极,西边的尽头,谓西方极远之处。石蜜,又称作蔗饴、蔗饧,即蔗糖。甘蔗榨汁之后,经煎熬曝晒而成,东汉已出现。南北朝时已有制砂糖,至唐代引进熬糖法后,砂糖制作始采用煎法。东汉杨孚《异物志》:"(甘蔗)连取汁如饴饧,名之曰糖,益复珍也。又煎而曝之,既凝,如冰破如砖,其食之,入口消释,时人谓之'石蜜'者也。"

〔译文〕

傅巽《七诲》里记载:"卫邑的桃子,楚邑的沙果,齐地的柿子,燕地的板栗,恒山之阳的黄梨,巫山的红橘,南中的茶子,西极的石蜜。"

弘君举《食檄》:"寒温既毕①,应下霜华之茗②。三爵而终③,应下诸蔗④、木瓜、元李⑤、杨梅、五味⑥、橄榄⑦、悬豹、葵羹各一杯⑧。"

〔注释〕

①寒温:寒暄,谓问候起居寒暖。此处指宾主见面时的客套话。

②霜华之茗:茶沫白如霜花的好茶。

③三爵:三杯。爵,古时候盛酒用的器具,此处指饮酒计量单位。

④诸蔗:甘蔗,为禾本科,多年生草本植物。西晋嵇含《南方草木状》:"诸蔗,一曰甘蔗。交趾所生者,围数寸,长丈余,颇似竹。断而食之,甚

甘。笮取其汁，曝数日成饴，入口消释，彼人谓之石蜜。"

⑤元李：大李子。

⑥五味：即五味子，又称作面藤、山花椒，为木兰种植物五味子的果实，霜降后果实完全成熟时采摘，拣去果枝及杂质，晒干。其功效有止渴、除烦热、解酒毒、壮筋骨等。

⑦悬豹：周靖民认为其是"悬钩"之误。悬钩，又称作山莓、木莓、树莓，为蔷薇科植物，其茎秆如同悬钩，味酸美。其功效为醒酒、止渴、祛痰、解毒。

⑧葵羹：冬葵茎和叶煮的羹。葵，即冬葵，又称作冬苋菜、滑滑菜、土黄芪等，为锦葵科植物。其茎、叶皆可入药，药性为甘、寒，功效为清热利湿。

〔译文〕

弘君举《食檄》中记载："见面问候寒暄之后，先请饮用浮沫洁白如霜花的好茶。酒过三巡，再陈上甘蔗、木瓜、大李子、杨梅、五味子、橄榄、山莓、葵羹各一杯。"

孙楚《歌》①："茱萸出芳树颠，鲤鱼出洛水泉。白盐出河东②，美豉出鲁渊③。姜、桂、茶荈出巴蜀，椒、橘、木兰出高山。蓼、苏出沟渠④，精、稗出中田⑤。"

〔注释〕

①孙楚《歌》：孙楚此《歌》已经散佚，明人张溥《汉魏六朝三百家集》

收录《孙冯翊集》未见《歌》,近人丁福保《全晋诗》收录有《歌》,但称其为《出歌》。

②河东:因黄河自北而南流经本区西界,故有河东之称谓。战国、秦、汉时多指今山西西南部,唐以后泛指今山西全省。

③鲁渊:鲁地湖泽。鲁,因西周、春秋时为鲁国故地,故名之。西周初年,周武王封周公旦于此,因周公在朝内为宰辅,未就封。周武王死后,周公辅佐周成王,乃封其子伯禽为鲁侯,都曲阜(今山东曲阜东北)。战国时鲁国成为小国,公元前256年为楚国所灭。秦汉以后仍沿称这一地区为鲁,其辖境大致包括今山东泰山以南的汶、泗、沂、沭河流域。渊,水边草泽地。

④蓼(liǎo)、苏:蓼和紫苏。蓼,一年生草本植物,叶披针形,花小,为白色或浅红色,果实呈卵形、扁平,生长在水边或水中。其茎叶味辛辣,可用来调味,全草入药,亦称水蓼。苏,即紫苏,又称作桂荏、赤苏、红苏、红紫苏、皱紫苏等,为唇形科一年生草本植物,为茎方形,花为淡紫色。其种子可榨油,嫩叶可以吃,叶、茎和种子均可入药。汉史游《急就篇》:"葵、韭、葱、蓼、苏、姜。"唐颜师古注:"蓼有数种,菜长锐而薄,生于水中者曰水蓼;叶圆而厚,生于泽中者曰泽蓼。一名虞蓼,亦谓之蔷,而许叔重云:蓼,一名蔷虞。非也。苏一名桂荏。"

⑤稗(bài):一年生草本植物,长在稻田里或低湿的地方,形状像稻,是稻田的害草。其果实可酿酒、做饲料。中田:指田中间。《诗经·小雅·楚茨》:"中田有庐,疆埸有瓜。"郑《笺》:"中田,田中也。"

〔译文〕

孙楚《歌》中记载:"茱萸出自佳树顶上,鲤鱼产自洛水里。

白盐出产自河东，美豉产自鲁地湖泽。姜、桂、茶产自巴蜀，椒、橘、木兰生长在高山。蓼、紫苏出自沟渠，上好的白米、稗的果实出自田中间。"

华佗《食论》①："苦茶久食，益意思。"

〔注释〕

①华佗（约141—208）：字元化，一名旉，沛国谯（今安徽亳州）人，通经学，尤精医术，善用方药、针法，治病用药不过几种，下针不过一、二处，往往药到病除。创用麻沸散，用以破腹剪肠，施行外科手术。曾为曹操治头痛病，因疗效显著而被置于身边。不愿受（曹）操驱使，借故归家不返，被逮入狱而死。《三国志》有传。《食论》已经亡佚。

〔译文〕

华佗《食论》里记载："坚持长久饮茶，能够有益思考。"

壶居士《食忌》①："苦茶久食，羽化②。与韭同食，令人体重。"

〔注释〕

①壶居士：又称作壶公，不知其姓名。据晋葛洪《神仙传》记载：今世所有召军符、召鬼神治病玉府符，总共20余卷，都出自壶公之手。汝南人费长房为市橡（yuán），忽见壶公从远方来到这里卖药，无人认识他。他卖

药言不二价,凡服用者,病都痊愈,每日收钱数万,只留下三五十,其余的全都施舍给那些贫穷的人。他常将一空壶悬挂在屋上,在日落之后,便跳进去休息。

②羽化:指飞升成仙,用作道教徒死亡的婉辞。

〔译文〕

　　壶居士《食忌》中记载:"坚持长久饮茶,能使人身轻体健、飘飘欲仙。茶和韭菜一起吃,可以增加人体的体重。"

　　郭璞《尔雅注》云:"树小似栀子,冬生①,叶可煮羹饮。今呼早取为荼,荼,底本原作"茶",今据郭璞《尔雅注》改。晚取为茗,或一曰荈,蜀人名之苦荼。"

〔注释〕

　　①冬生:茶树为常绿乔木,立冬后,在一定的自然环境下,会萌发新芽。

〔译文〕

　　晋郭璞《尔雅注》中记载:"茶树如同栀子树一样,立冬后,在一定的自然环境下,会萌发新芽,新嫩叶可以煮羹饮用。现今把早期摘取的嫩叶叫作荼,晚期摘取的嫩叶叫作茗,有的称其为荈,蜀地的人称其为苦荼。"

《世说》^①:"任瞻,字育长。少时有令名^②,自过江失志^③。既下饮,问人云:'此为茶?为茗?'觉人有怪色,乃自申明云:申,底本原作"分",今据《世说新语·纰漏》改。'向问饮为热为冷。'"

[注释]

①《世说》:即《世说新语》,简称《世说》,唐代又称作《世说新书》,以区别刘向所著的《世说》,南朝宋刘义庆撰,原为 8 卷,今本分上、中、下 3 卷,共 36 篇,为宋人晏殊所删并。全书分德行、语言、政事、文学、方正、雅量、识鉴、品藻、规箴等 36 门,主要记载东汉后期至晋宋年间文人名士的言行与轶事,保存了较多的清谈思想资料,对豪门士族奢淫、放诞的风气有所非议。梁刘孝标为之作注,所引汉、魏、吴史书,以及地志、家传、谱谍等,一共 400 余种,不少佚书,赖其注以传世。有唐写卷残本、日本影宋绍兴八年董弅刻本、明嘉靖十四年袁絅仿宋刊本、《四部丛刊》本、明吴兴凌氏刻朱墨套印本、纷欣阁丛书重刻表本、康熙十五年刊本、王先谦校刻本、《惜阴轩丛书》本、《龙溪精舍丛书》本、《四部备要》本、明嘉靖四十五年太仓曹氏重刻本、明嘉靖毛氏金亭刻本、乾隆二十七年董氏刊本、崇文书局汇刻书本、《诸子集成》本等。今有余嘉锡、徐震堮两种整理本。

②令名:美好的名声。

③自过江失志:过江之后神思恍恍惚惚。刘聪灭西晋后,西晋宗室司马睿在南京建立东晋王朝,西晋旧臣纷纷渡过长江投靠司马睿政权,任瞻也跟随着过江。失志,恍恍惚惚,失去神智。

[译文]

《世说新语》中记载:"任瞻,字育长。年少时有美好的名声，自从过江以后就变得神思恍恍惚惚。有一次饮茶的时候，他问人说：'这是茶，还是茗？'觉察到别人有疑惑不解的表情时，便替自己辩解说：'方才是问茶是热的还是凉的。'"

《续搜神记》①："晋武帝世②，宣城人秦精，常入武昌山采茗③。遇一毛人，长丈余，引精至山下，示以丛茗而去。俄而复还，乃探怀中橘以遗精。精怖，负茗而归。"

[注释]

①《续搜神记》：又称为《搜神后记》，10卷，旧本题晋陶潜撰。《搜神后记》内容记鬼神灵异、精怪奇闻、仙窟异境的传说，篇幅较长，有完整的故事情节和浓厚的民间色彩。《搜神后记》仅见《隋书·经籍志》著录，唐以后史志、书目均不见载。《四库全书总目提要》："旧本题晋陶潜撰。中记'桃花源'事一条，全录本集所载诗序，惟增注渔人姓黄名道真七字。又载干宝父婢事，亦全录《晋书》。剿掇之迹，显然可见。明沈士龙《跋》，谓：'潜卒于元嘉四年，而此有十四、十六年两事。《陶集》多不称年号，以干支代之，而此书题永初、元嘉，其为伪托，固不待辨。'然其书文词古雅，非唐以后人所能。《隋书·经籍志》著录，已称陶潜，则赝撰嫁名，其来已久。"鲁迅也在《中国小说史略》中提出，陶潜生性豁达，不似著此类书的人。该书的版本有《秘册汇函》本、《四库全书》本、《津逮秘书》本、《学津讨源》本、《子书百家》本、《丛书集成初编》本，均为10卷。中华书局1981年汪绍楹校注本，体例全同《搜神记》，共收117条，附佚文6则，是当前最完备

的排印本。

②晋武帝(236—290)：即司马炎，字安世，司马昭长子，庙号世祖。魏咸熙二年(265)，继司马昭为晋王、丞相，同年废曹奂，自立为帝，改元泰始，国号晋，定都洛阳，史称西晋。咸宁六年(280)灭吴，统一全国。其做皇帝期间，颁布户调式，按官品占田。继续沿用曹魏的"九品中正制"，形成门阀政治。大封宗室，拱卫皇权。在太康年间，其治下曾有过短时间的繁荣，后期生活极度荒淫，朝政紊乱，遗诏传帝位给司马衷。死后不久，西晋就发生"八王之乱"。世：底本原脱，今据《太平御览》卷867所引补入。

③武昌山：在今湖北鄂州市南。宋王象之《舆地纪胜》："武昌山，在本县(武昌县)南一百九十里处。高百丈，周八十里。旧云，孙权都鄂，易名武昌，取以武而昌，故因名山。《土俗编》以为今县名疑因山以得之。"

[译文]

《续搜神记》中记载："晋武帝的时候，宣城人秦精，时常进入武昌山采茶。有一次遇见一个毛人，身高一丈多，领着秦精到山下，把一片茶树丛指给他看了之后就离开了。过了一会儿其又返回来，从怀中取出橘子送给秦精。秦精很惊恐，急忙背了茶叶回家了。"

《晋四王起事》①："惠帝蒙尘还洛阳②，黄门以瓦盂盛茶上至尊③。"

[注释]

①《晋四王起事》：南朝卢綝著，共4卷，《隋书·经籍志》有著录，原书

已经亡佚。清黄奭辑佚 1 卷,题为《晋四王遗事》。

②蒙尘:我国古代多指帝王失位逃亡在外,蒙受风尘。唐房玄龄等《晋书》:"永宁元年(301)春正月乙丑,赵王伦篡(惠)帝位。丙寅,迁(惠)帝于金墉城,号曰太上皇,改金墉曰永昌宫。"

③瓦盂:陶碗。至尊:为我国古代皇帝的代称。

〔译文〕

《晋四王起事》中记载:"晋朝的赵王司马伦、东海王司马越等叛乱期间,晋惠帝逃难在外,返回到洛阳的时候,黄门拿陶碗盛着茶献给他饮用。"

《异苑》①:"剡县陈务妻,少与二子寡居,好饮茶茗。以宅中有古冢,每饮辄先祀之。二子患之,曰:'古冢何知?徒以劳意。'欲掘去之。母苦禁而止。其夜,梦一人云:'吾止此冢三百余年,卿二子恒欲见毁,赖相保护,又享吾佳茗,虽潜壤朽骨,岂忘翳桑之报②。'及晓,于庭中获钱十万,似久埋者,但贯新耳。母告二子,惭之,从是祷馈愈甚③。"

〔注释〕

①《异苑》:志怪小说集,东晋南朝刘敬叔(390—470)撰。全书共有 382 条,题材广泛,内容记述先秦至南朝刘宋间的神怪异闻,尤以晋代事为多。《异苑》现存 10 卷,仅见《隋书·经籍志》著录,唐以后史志、书目均不

见记载。《太平御览》《太平广记》《事类赋注》等书中有征引，但此书并未失传。今传世本最早由胡震亨刊入《秘册汇函》，后毛晋又刻入《津逮秘书》，其他如《学津讨源》《古今说部丛书》《说库》等亦收此书。又《唐宋丛书》《五朝小说》等所收均为1卷，系节录本。刘敬叔，彭城（今江苏徐州）人。东晋时，曾任中兵参军，又为南平国郎中令，后为长沙景王刘道怜骠骑参军。刘裕代晋称帝，召为征西长史。宋文帝元嘉年间，为给事黄门郎。宋明帝泰始年间去世。

②翳桑之报：知恩德报。《左传·宣公二年》："初，（赵）宣子田于首山，舍于翳桑，见灵辄饿，问其病。曰：'不食三日矣。'食之，舍其半。问之。曰：'宦三年矣，未知母之存否，今近焉，请以遗之。'（宣子）使尽之，而为之箪食与肉，置诸橐以与之。既而与为公介，倒戟以御公徒而免之。问何故。对曰：'翳桑之饿人也。'问其名居，不告而退，遂自亡也。"这个故事说的是晋人灵辄在翳桑地方遭受饥饿，赵盾便拿带的东西给他吃。后来灵辄当了晋灵公的甲士，在灵公派兵追杀赵盾的时候，毅然倒戈抵御灵公的兵士，救出了赵盾。后世称此事为"翳桑之报"。

③馈（kuì）：进献，进食于人。

[译文]

《异苑》中记载："剡县陈务的妻子，年轻的时候带着两个儿子守寡，喜欢喝茶。由于住宅中有一座古墓，每次饮茶时总是先祭祀一下。两个儿子忧虑她的这个做法，说：'古墓知道什么？您这么做真是白浪费力气。'想要把古墓挖掉。母亲苦苦相劝，才得以制止。当天夜里，母亲梦见一个人说：'我住在这座墓里三百多年了，你的两个儿子想要毁掉它，幸亏得到你的保护，又用好茶祭拜我，我虽然是地下枯骨，但怎么会忘记你的恩德不报答。'等到天亮之后，陈务妻在院子里发现了十万串钱，这些钱看起来像是埋了很长时间的，只有穿钱的绳子是新的。母亲把这件事告诉儿子们，两个儿子都很惭愧，从此更加用心以茶祭祷了。"

《广陵耆老传》①："晋元帝时②，有老姥每旦独提一器茗，往市鬻之③。市人竞买，自旦至夕，其器不减，所得钱散路旁孤贫乞人。人或异之，州法曹絷之狱中④。至夜，老姥执所鬻茗器，从狱牖中飞出⑤。"

〔注释〕

①《广陵耆老传》：作者和创作年代均不详。

②晋元帝（276—322）：司马睿，字景文，司马懿的曾孙，庙号中宗，东晋的开国皇帝。永嘉中，他出镇建业（今江苏南京）。建兴五年（317），即晋王位，改元建武，史称东晋。建武二年（318），即帝位，改元大兴，定都建业，改建业为建康。他依靠南迁的北方士族王敦、王导、刁协等，联合江南大族顾荣、贺循等，建立起侨寓政权，维持偏安局面。永昌元年（322），荆州刺史王敦发动叛乱，其忧愤而死。

③鬻（yù）：卖。

④法曹：西汉始置，西晋为丞相府僚，属于诸曹之一。汉代掌邮驿科程事，以掾主之。西晋末改以参军为长官。南朝、北魏、北齐公府、将军府，隋朝亲王府、诸卫，以及唐朝亲王府、都督府亦置之，长官除南朝宋为

参军、唐为参军事外，其余皆为行参军。唐、宋时亦为地方司法机关，掌按讯、决刑等。絷(zhí)：拴、捆绑。

⑤牖(yǒu)：窗户。

[译文]

《广陵耆老传》中记载："晋元帝时期，有一位老妇人每天早晨独自提着一器具的茶，到市场里去卖。市中的人争着买她的茶喝，从早晨到晚上，器具里的茶从不减少，她把赚到的钱都施舍给了路旁的孤儿、穷人和乞丐。有人对她的行为感到奇怪，州里的法曹就把她捆绑起来送进了监狱。到了夜晚，老妇人手提着卖茶的器具，从监狱的窗口中飞了出去。"

《艺术传》①："敦煌人单道开，不畏寒暑，常服小石子②。所服药有松、桂、蜜之气，所饮茶、苏而已。饮：底本原作"余"，作"饮"据《晋书》卷95《单道开传》改。"

[注释]

①《艺术传》：唐房玄龄等《晋书·艺术列传》。陆羽此处所引不是实录原文，文字与《晋书》记载略有不同。

②小石子：即五石散，又称作寒食散、单称散等，以紫石英、白石英、赤石脂、钟乳石、硫黄等五石制之，故名，魏晋南北朝时期，比较盛行服食这种东西。南朝宋刘义庆《世说新语·言语》有："何平叔云：'服五石散，非唯治病，亦觉神明开朗。'"

《艺术传》里记载:"敦煌人单道开,冬天不畏严寒,夏天不惧酷暑,时常服食五石散。服用的药物有松脂、桂花、蜂蜜的香气,饮用的只有茶叶和紫苏而已。"

释道该说《续名僧传》①:"宋释法瑶,姓杨氏,河东人。元嘉中过江②,遇沈台真③,请真君武康小山寺,年垂悬车④,饭所饮茶。大明中⑤,敕吴兴礼致上京,年七十九。"

〔注释〕

①释道该说《续名僧传》:释道说《续名僧传》。按:学界多认为释道该说当为释道说,《续高僧传》有释道悦,疑释道说就是释道悦;《新唐书·艺文志》记载了从晋到唐代有《高僧传》《续高僧传》等书,《续名僧传》可能是其中一种。

②元嘉:南朝宋文帝的年号,424 年至 453 年,共 30 年。元,底本原作"永"。沈冬梅《茶经校注》说:"永嘉为晋怀帝年号(307—312),与前文所说南朝'宋'不合,且与后文所说大明年号相去 150 多年,与所言人物七十九岁年纪亦不合,当为南朝宋元帝元嘉时。"

③沈台真(397—449):即沈演之,字台真,吴兴武康(今浙江德清西)人。少好学,州举秀才,历任嘉兴、钱唐、武康令,所至有政绩。元嘉年间,受使赈恤灾民,开仓济粮,决遣疑狱,为时人所称。累迁至侍中、右卫

将军。

④年垂悬车：年龄快到七十岁。悬车，古人一般至七十岁辞官家居，废车不用，故云。汉班固《白虎通》："臣年七十，悬车致仕者。"

⑤大明：南朝宋孝武帝的年号，457 年至 464 年，共 8 年。大，底本原作"永"，今据南朝梁慧皎《高僧传》卷 7 改。

〔译文〕

释道说《续名僧传》里记载："南朝宋时的和尚释法瑶，俗姓杨，河东人。释法瑶元嘉年间过长江，遇见了沈演之，沈演之请其到武康小山寺驻锡，这时释法瑶的年龄快到七十岁了，他把饮茶当饭。南朝宋孝武帝大明年间，皇上下诏令给吴兴官吏把释法瑶礼送进京城，此时他年龄已经七十九岁了。"

宋《江氏家传》①："江统，字应元。元：底本原脱，今据《晋书》卷五十六《江统传》补入。迁愍怀太子洗马②，常上疏，谏云：'今西园卖醯、面、蓝子、菜、茶之属③，亏败国体。'"

〔注释〕

①宋《江氏家传》：南朝宋江饶等著，共 7 卷，现在已经散佚。

②愍怀太子：司马遹(278—300)，字熙祖，惠帝长子。初封广陵王，惠帝即位，立为皇太子。贾后专权，与贾后及其党羽发生矛盾。元康九年(299)，被贾后矫诏废为庶人，囚禁于金墉城。元康元年(300)，为贾后害

死,年仅二十一岁,谥愍怀。

③醯(xī):醋。

〔译文〕

宋朝时的《江氏家传》里记载:"江统,字应元。升任为西晋愍怀太子司马遹的洗马,经常上疏,劝谏道:'现在西园卖醋、面、蓝子、菜、茶之类的物品,有损国家体统。'"

《宋录》①:"新安王子鸾、豫章王子尚诣昙济道人于八公山,道人设茶茗,子尚味之,曰:'此甘露也,何言茶茗?'"

〔注释〕

①《宋录》:不知作者为何人,此书现在已经散佚。

〔译文〕

《宋录》里记载:"新安王刘子鸾、豫章王刘子尚到八公山拜访昙济道人,昙济道人设茶款待他们,刘子尚品尝了茶之后说:'这是甘露啊,为什么要称其为茶呢?'"

王微《杂诗》①:"寂寂掩高阁,寥寥空广厦。待君竟不归,收领今就槚②。"

①王微(415—453):字景玄,琅琊临沂(今山东临沂)人。少好学,善作文、书画、音乐、医方、阴阳术数,无所不通。年十六,州举为秀才,迁至中书侍郎。不愿为官,辞归,闭门读书十余年,元嘉三十年去世。王微有《杂诗》二首,陆羽所引为其中一首。《宋书》有传。

②就槚:饮茶。

〔译文〕

王微《杂诗》中记载:"静悄悄地关上楼阁的门,孤单一人住在空悠悠的大房子。等待着你竟然没有回来,失望地暂去饮茶了。"

鲍昭妹令晖著《香茗赋》。

〔译文〕

鲍昭的妹妹鲍令晖写了一篇《香茗赋》。

南齐世祖武皇帝《遗诏》①:"我灵座上慎勿以牲为祭②,但设饼果、茶饮、干饭、酒脯而已。"

〔注释〕

①南齐世祖武皇帝《遗诏》:南齐世祖武皇帝萧赜的《遗诏》。《南齐

书》记载,南齐世祖武皇帝萧赜在永明十一年(493)临去世前写此《遗诏》。陆羽所引与《南齐书》记载《遗诏》文字略有不同。

②灵座:新丧既葬,供神主的几筵。

〔译文〕

南齐世祖武皇帝萧赜在其《遗诏》里说:"我死后的灵座上一定不要杀牲畜作为祭品,只需供上饼果、茶饮、干饭、酒肴就可以了。"

梁刘孝绰《谢晋安王饷米等启》①:"传诏李孟孙宣教旨②,垂赐米、酒、瓜、笋、菹、脯、酢、茗八种③。气苾新城,味芳云松④。江潭抽节,迈昌荇之珍⑤。疆场擢翘,越茸精之美⑥。羞非纯束野麕,裹似雪之驴⑦。鲊异陶瓶河鲤⑧,操如琼之粲⑨。茗同食粲⑩,酢类望柑。类:底本原作"颜";柑:底本原作"楫"。今据南朝梁《刘孝绰集》所改。免千里宿舂,省三月粮聚⑪。小人怀惠,大懿难忘⑫。"

〔注释〕

①晋安王:萧纲(503—551),字世缵,一作世赞,小字六通,南朝梁武帝第三子。武帝天监年间,封为晋安王。昭明太子萧统死后,他继立为皇太子。太清末,侯景攻破建康,武帝死,其即位,第二年,为侯景所杀。萧纲幼好诗文,为太子时,结交文人徐摛、庾肩吾等,以轻艳文辞,描述宫廷生活。启:我国古代下属给上级的呈文或报告,此处指刘孝绰在531年因

感念晋安王赐酒米等物而写的回呈。

②传诏：传达诏命的官员。此官员或是专设，或是遇事临时派遣。

③菹（zū）：腌制的蔬菜。酢（cù）：与"醋"同，一种调味用的液体，味酸。

④"气苾（bì）新城"两句：新城的大米芳香怡人，香气直入云霄。新城，历史上新城有多处，此处应指浙江的新城县（今浙江富阳），该地产的大米品质优良，在古代典籍中也有记载。《全梁文》记载《谢湘东王赍米启》："味重新城，香逾涝水。"云松，形容松树高耸入云。

⑤"江潭抽节"两句：竹笋、腌菜美味。迈，超过。昌，与"菖"同，即菖蒲，多年生草本植物，生在水边，地下有根茎，叶子形状像剑，花穗像棍棒，根茎可做香料，又可作健胃药。荇，多年生草本植物，叶略呈圆形，浮在水面，根生水底，夏天开黄花，结椭圆形蒴果，全草可入药。

⑥"疆场（yì）擢翘"两句：田间采摘来最好的瓜菜，特别美味。疆场，田地的边界，大者为疆，小者为场。擢，采摘。翘，指超越一般，非常出众。茸精，加倍的好。茸，重叠，累积。

⑦"羞非纯束野麕（jūn）"两句：送来的肉脯，不是白茅包裹的野生獐子肉，却是缠裹精美的雪白干肉脯。纯，珍馐，美味的食物。纯，丝。麕，与"麏"同，指獐子。裹（yì），缠裹。《诗经·国风·召南》："野有死鹿，白茅纯束。"

⑧鲊（zhǎ）：一种用盐和红曲腌的鱼。河鲤：黄河出产的鲤鱼，此鱼味道极为鲜美。《诗经·国风·陈风》："岂其食鱼，必河之鲤。"

⑨操如琼之粲：馈赠的大米如琼玉般晶莹。操，拿着。琼，美玉。粲，上等优质白米，精米。

⑩茗同食粲：茶和精米一样好。

⑪"免千里宿舂"两句：所赏赐我的八种食品如此丰富，就算出行很

远,也不用再去准备聚集干粮。千里、三月都是虚指。《庄子·逍遥游》:"适百里者宿舂粮,适千里者三月聚粮。"粮,底本原作"种"。今据南朝梁《刘孝绰集》改。

⑫懿(yì):美好,多指德行,特指有关女子的。

[译文]

　　梁刘孝绰呈献给上级的《谢晋安王饷米等启》里说:"传诏李孟孙宣读了您的告谕,赏赐我的米、酒、瓜、笋、腌菜、肉干、醋、茗八种食物。新城的大米芳香怡人,香气直入云霄。水边生长的新鲜竹笋,比菖蒲和荇菜还要美味可口。那田间采摘来最好的瓜菜,特别美味。送来的肉脯,不是白茅包裹的野生獐子肉,却是缠裹精美的雪白干肉脯。腌的鱼比陶罐所装的黄河大鲤鱼更加美味。馈赠的大米如琼玉般晶莹。茶也与大米一样的好。馈赠给我的醋,如看着柑橘就感觉到酸味一样的好。您赏赐给我的八种食物如此丰盛,就算出行很远,也不用再去另外准备干粮了。我会牢记您对我的恩惠,您的大德我将永远难忘。"

　　陶弘景《杂录》①:"苦茶轻身换骨。身:底本原脱,今据《说郛》本补入。骨:底本原作"膏",作"骨"据《说郛》本改。昔丹丘子、黄山君服之。黄:底本原作"青",今据《太平御览》卷867所引改。"

[注释]

　　①《杂录》:该书不详。《太平御览》所引陶弘景《杂录》为《新录》。

陶弘景《杂录》里记载:"饮用苦茶可以使人轻身换骨,从前的丹丘子、黄山君就服用它。"

《后魏录》:"琅琊王肃仕南朝,好茗饮、莼羹①。及还北地,又好羊肉、酪浆。人或问之:'茗何如酪?'肃曰:'茗不堪与酪为奴。'"

〔注释〕

①莼(chún)羹:用莼菜烹制的羹。莼,多年生水草,浮在水面,叶子椭圆形,开暗红色花,茎和叶背面都有黏液,可食用。

〔译文〕

《后魏录》里记载:"琅琊人王肃在南朝做官时,酷爱饮茶,喝莼菜羹。等来到北魏,他又爱好吃羊肉、喝奶酪浆。有人问他:'茶比奶酪怎么样?'王肃回答说:'茶连给奶酪做奴仆的资格都没有。'"

《桐君录》①:"西阳、武昌、庐江、晋陵好茗②,皆东人作清茗③。茗有饽,饮之宜人。凡可饮之物,皆多取其叶,天门冬、拔葜取根④,皆益人。又巴东别有真茗茶⑤,煎饮令人不眠,俗中多煮檀叶并大皂李作茶⑥,并冷⑦。又南方有瓜芦木,亦似茗,至苦涩,取为屑茶饮,亦可通夜不眠,煮盐人但资此饮,而交、广最重⑧,客来先设,乃加以香芼辈⑨。"

[注释]

①《桐君录》:全名为《桐君采药录》,又简称作《桐君药录》,《隋书·经籍志》记载有 3 卷,现在已经亡佚。《本草纲目》之《序》:"又云有《桐君采药录》,说其华叶形色。"

②西阳:即西阳郡。东晋改西阳国,治所在西阳县(今湖北黄州)。北齐为巴州治。隋开皇初废,辖境大致相当今湖北黄州、麻城及新洲、浠水等地。武昌:即武昌郡。三国魏黄初二年(221)孙权置,属荆州,治所在武昌县(今湖北鄂州),不久改为江夏郡。西晋太康元年(280)又改名为武昌郡。东晋属江州。南朝宋、齐、梁、陈属郢州。隋开皇九年(589)废,治所在今湖北鄂州一带,辖境大致相当今湖北东部长江以南,嘉鱼、通山等县以东和江西九江、瑞昌等地。庐江:即庐江郡。三国魏置庐江郡,属扬州,治所在六安县(今安徽六安北),辖境大致相当今安徽六安、舒城、霍山、庐江等地及寿县部分地。三国魏吴复置庐江郡,治所在皖县(今安徽潜山),辖境大致相当今安徽西南部。西晋时将吴置庐江郡并入魏置庐江郡,移治舒县(今安徽舒城)。南朝宋属南豫州,移治灊县(今安徽霍山东北)。南朝齐建元二年(480)又移治舒县。南朝梁移治庐江县(今安徽庐江),属湘州。隋开皇初废。晋陵:即晋陵郡。西晋永嘉五年(311)因避东海王越世子毗讳,改毗陵郡置,属扬州,治所在丹徒县(今江苏丹徒东南)。东晋太兴初(318),移治京口(今江苏镇江),义熙九年(413)移治晋陵县(今江

苏常州）。南朝宋元嘉八年（431），改属南徐州。隋开皇九年（589），改为常州。唐天宝初，复改晋陵郡，乾元元年（758）又改为常州，治所在今江苏常州一带，辖境大致相当今江苏镇江、常州、无锡、江阴、武进、丹阳、金坛等地。晋，底本原作"昔"，作"晋"据《说郛》本改。

③清茗：即清茶，不加入葱、姜等佐料的茶水。

④天门冬：又称作丝冬、大当门根，为百合科植物。其秋、冬采挖，以冬季采者质量较好，块根肉质，簇生，呈长椭圆形或纺锤形。其药性为寒、味甘、微苦。其功效为滋阴、润燥、清肺、降火。拔葜：即菝葜，又称作金刚藤、铁菱角、马加勒、筋骨柱子、红灯果，为百合科菝葜属植物。其根茎横走，呈不规则的弯曲，肥厚质硬，疏生须根。其根茎可入药，其药性为甘、温，其功效为祛风湿、利小便、消肿毒。

⑤巴东：即巴东郡。东汉建安六年（201），益州牧刘璋改固陵郡置巴东郡，治鱼复县（今重庆奉节东），属益州，辖境大致相当今重庆市万州区、奉节、云阳、开县、巫溪等地。西晋泰始三年（267）属梁州，太安二年（303）复旧，东晋永和初属荆州。南朝齐曾属巴州，梁为信州治。隋开皇初废，大业初又改信州为巴东郡，辖境扩大至今重庆市黔江区、忠县、丰都、石柱、酉阳、秀山、梁平、巫山等县，湖北省巴东、秭归、兴山及贵州省铜仁市和印江、松桃等县。唐武德元年（618）改为信州，二年改为夔州。唐天宝元年（742）改归州置，治秭归县（今湖北秭归西北），辖境大致相当今湖北秭归、巴东、兴山等地。乾元元年（758）复曰归州。

⑥大皂李：又称作鸡栖子、皂角、大皂荚、长皂荚、悬刀、长皂角、大皂荚等，为豆科落叶乔木。其叶片呈卵形、卵状披针形或长椭圆状卵形，花为淡黄白色。其荚果直而扁平，有光泽，紫黑色，被白色粉霜。其根皮、叶、果实等皆可入药，具有祛风痰、除湿毒、杀虫等功效。

⑦并冷：等到不热。

⑧交、广:交州和广州。交州,东汉建安八年(203)改交州刺史部置,治所在广信县(今广西梧州),建安十五年(210)移治番禺县(今广东广州),辖境大致相当今广东、广西的大部,越南承天以北诸省。三国吴黄武五年(226)分为交州、广州,交州治龙编县(今越南河北省),辖境大致相当今广西钦州地区、广东雷州半岛,越南北部、中部地区。唐武德五年(622)复置,治所在交趾县(今越南河内市西北)。宝历元年(825)移治宋平县(今越南河内市)。

⑨香茗(mào)辈:指各种香料。茗,可供食用的水草或野菜。

[译文]

《桐君录》里记载:"西阳郡、武昌郡、庐江郡、晋陵郡等地的人爱好饮茶,有客人来时主人家会为客人提供清茶。茶里面蕴含有汤花浮沫,饮用了对人有益处。凡是可用来做饮料的植物,大部分是利用它的叶子,而天门冬、菝葜却是用其根茎,都对人有益处。巴东郡还产有另外一种好茶,煮来饮用使人不能入睡,当地人还喜欢把檀叶和大皂荚叶一起煮来做茶,等到不热了再饮用。南方还产有瓜芦树,也很像茶,味道非常苦涩,采来加工成末当茶一样煎煮了喝,也可以使人一整夜难以入睡,过去煮盐的人全靠喝这种茶饮,交州和广州地区的人很重视这种茶饮,客人来了都先奉上它来款待,还会在其中加入各种香料。"

《坤元录》①:"辰州溆浦县西北三百五十里无射山②,云蛮俗当吉庆之时,亲族集会歌舞于山上,山多茶树。"

〔注释〕

①《坤元录》:书名,已经亡佚。《宋史·艺文志》把其作者记为唐代魏王李泰,言其共有10卷。清顾祖禹《读史方舆纪要》:"《括地志》序于唐太宗,称其度越前载,然在宋时,已不可多得。宋《崇文目》云:'《坤元录》一本,即《括地志》。'"

②辰州:以辰溪为名,隋开皇九年(589)改武州置,治所在龙檦县(今湖南黔阳西南),后移治沅陵县(今湖南沅陵),大业初年改为沅陵郡。唐武德三年(620)复为辰州,天宝初年改为泸溪郡,乾元初年复为辰州,辖境大致相当今湖南沅陵以南沅水流域地。西晋《荆州土地记》:"武陵七县通出茶,最好。"武陵七县辖沅陵县。唐《辰州府志》:"邑中出茶处,先以碣滩(沅陵县)者为最,今且已充上贡矣。"无射山:由于这座山的山形像大钟而得此名。无射,东周周景王时期所铸钟名,后亦泛指大钟。

〔译文〕

《坤元录》里记载:"辰州溆浦县西北三百五十里的地方有一座无射山,当地少数民族的风俗是遇到吉庆的节日,亲人们都聚集在山上唱歌跳舞,山上有很多的茶树。"

《括地图》①:"临遂县东一百四十里有茶溪②。"

〔注释〕

①《括地图》:疑为《括地志》。按:本条内容《太平御览》引作《括地

图》，而宋王象之《舆地纪胜》引作《括地志》。

②临遂县：我国古代其他文献中并没有对此县名的记载，疑即临蒸县，治所在今湖南衡阳。唐李吉甫《元和郡县图志》："吴分置临蒸县，属衡山郡。天宝初更名衡阳郡，县仍属焉。"宋王象之《舆地纪胜》："临蒸县百余里有茶溪。"

〔译文〕

《括地图》里记载："距离临蒸县往东一百四十里的地方，有茶溪。"

山谦之《吴兴记》："乌程县西二十里^①，有温山，出御荈。"

〔注释〕

①乌程县：秦置，属会稽郡，东汉属吴郡，三国吴为吴兴郡治，东晋义熙元年（405）移治今湖州市城区，隋仁寿二年（602）为湖州治，大业初属吴郡，唐复为湖州治，天宝、至德间为吴兴郡治。

〔译文〕

山谦之《吴兴记》中记载："吴兴县以西二十里处，有一座温山，出产进贡给朝廷的茶。"

《夷陵图经》^①："黄牛、荆门、女观、望州等山，茶茗出焉。"

〔注释〕

　①夷陵:即夷陵郡,隋大业三年(607)改硖州置,治所在夷陵县(今湖北宜昌)。唐初改为硖州,天宝元年(742)复改为夷陵郡,治所仍在夷陵县。乾元元年(758)再改为硖州。辖境大致相当今湖北宜昌、枝城、远安等地。

〔译文〕

　《夷陵图经》中记载:"黄牛、荆门、女观、望州等山之上,都生产茶叶。"

《永嘉图经》①:"永嘉县东三百里有白茶山。"

〔注释〕

　①永嘉:即永嘉郡,东晋太宁元年(323)分临海郡置,治所在永宁县(今浙江温州),属扬州,辖境大致相当今浙江温州市的永嘉、乐清二县,和飞云江流域及其以南地区。南朝宋属东扬州,南齐属扬州,梁、陈复属东扬州。隋开皇九年(589)废。唐天宝元年(742)改温州复置,乾元元年(758)又废。

〔译文〕

　《永嘉图经》里记载:"永嘉县以东三百里处有白茶山。"

《淮阴图经》^①："山阳县南二十里有茶坡。"

〔注释〕

①淮阴:即淮阴郡。东魏置,治怀恩县(今江苏淮安淮阴区西南),属淮州。隋开皇元年(581)改东平郡为淮阴郡,不久又废。唐天宝元年(742)改楚州置,治所在山阳县(今江苏淮安),乾元元年(758)复改楚州,至德时复改楚州为淮阴郡,辖境大致相当今江苏盱眙、淮安、盐城、建湖、金湖、洪泽等地。

〔译文〕

《淮阴图经》里记载:"山阳县以南二十里处有茶坡。"

《茶陵图经》:"茶陵者^①,所谓陵谷生茶茗焉。"

〔注释〕

①茶陵:以陵谷为名,西汉年间始置县,属长沙国,治今湖南茶陵县东。东汉时属长沙郡,三国吴至南朝陈时属湘东郡。隋开皇九年(589)废置,入湘潭县。唐武德四年(621)复置,贞观九年(635)废,圣历元年(698)又置,移治今茶陵县。

〔译文〕

《茶陵图经》里记载:"茶陵,就是陵谷中生长着茶树的意思。”

　　《本草·木部》：“茗,苦荼,味甘、苦,微寒,无毒,主瘘疮①,利小便,去痰、渴、热,令人少睡。秋采之苦,主下气、消食。”注云：“春采之。”

〔注释〕

　　①瘘(lòu)：瘘管,身体内因发生病变而向外溃破所形成的管道,病灶里的分泌物由此流出。疮:指皮肤肿烂溃疡的病。

〔译文〕

　　《本草·木部》里记载：“茗,就是苦荼,味道甜中有苦,药性为微寒,没有毒,主要治疗瘘疮,促进小便排放,除痰、解渴、散热,能使人睡眠减少。秋天采摘的茶带有苦味,能够通气,有助于消化。”原注里说：“春天采茶。”

　　《本草·菜部》：“苦荼,一名荼①,一名选②,一名游冬③,生益州川谷,山陵道旁④,凌冬不死。三月三日采,干。”注云⑤：“疑此即是今茶,一名荼,令人不眠。”《本草》注⑥：“按《诗》云‘谁谓荼苦’,⑦又云‘堇荼如饴’,⑧皆苦菜也。陶谓之苦荼,木类,非菜流。茗,春采,谓之苦㯛途遐反。”

①一名茶：古人把苦菜称作"茶"。《尔雅·释草》："茶,苦菜。"

②选：一种植物名称,不知是何种植物。

③游冬：生于秋末经冬春而成,故名,一种苦菜,味苦,可以入药。

④益州：即益州郡,西汉置,汉武帝所置十三刺史部之一,别称刀州。东汉治雒县(今四川广汉北),中平年间移治绵竹县(今四川德阳东北),兴平年间又移治成都县(今四川成都)。隋开皇初废,三年(583)复置,大业元年(605)改蜀郡。唐武德元年(618)复改益州,天宝元年(742)复改蜀郡,辖境大致相当今四川、重庆、贵州、云南等省市大部分地区,以及湖北西北部和甘肃小部分地区。

⑤注云："注云"以上为《唐本草》引用《神农本草经》的原文,"注云"以下为陶弘景《神农本草经集注》的文字。

⑥《本草》注：给《唐本草》作的注释。宋唐慎微《证类本草》："唐本注云:苦菜,《诗》云:'谁谓荼苦,'又云:'堇荼如饴。'皆苦菜异名也。陶谓之茗,茗乃木类,殊非菜流。茗,春采为苦茶。音迟遐反,非途音也。"

⑦谁谓荼苦：谁说苦菜味道苦,出自《诗经·国风·邶风》："谁谓荼苦,其甘如荠。"

⑧堇荼如饴：如糖般甜,出自《诗经·大雅·文王之什》："周原朊朊,堇荼如饴。"然《诗经》原意为描写周代祖先采集堇菜和吃苦菜的情景。

〔译文〕

《唐本草·菜部》中说："苦茶,又称为茶,又称为选,又称为游冬,生长在益州的河谷、山陵和道路旁边,冬天也不会冻死。

每年在三月三日采摘,制干。"陶弘景《神农本草经集注》记载:
"这可能就是现在人们说的茶,又叫作茶,饮用后使人难以入
睡。"《唐本草》注记载:《诗经》里所说'谁谓荼苦',又说'堇荼
如饴',此处'荼'都指苦菜。陶弘景所言的苦荼,是一种木本类
植物,而不是菜类。茗,春季采摘,称为苦搽音途遐反。"

《枕中方》①:"疗积年瘘,苦茶、蜈蚣并炙,令香熟,
等分,捣筛,煮甘草汤洗,以末傅之。"

〔注释〕

①《枕中方》:唐朝孙思邈撰,已经亡佚。宋张君房《云笈七签》称其为
《摄养枕中方》,《全唐文》存有《摄养枕中方序》。《新唐书·艺文志》《宋
史·艺文志》等都记录孙思邈撰《神枕方》一卷,近人叶德辉经过考证,得
出《枕中方》与《神枕方》为同一本书。

〔译文〕

《枕中方》里记载:"治疗多年的瘘疾,把茶和蜈蚣一起放在
火上炙烤,使其烤熟有香气,均分为两份,捣碎后筛出细末,一份
加入甘草煮水擦洗,一份直接用末来外敷。"

《孺子方》①:"疗小儿无故惊蹶②,以苦荼。苦荼:底
本原作小注字,今据《说郛》本改。葱须煮服之。"

〔注释〕

①《孺子方》：小儿医药用书，已经亡佚。《新唐书·艺文志》记载"孙会《婴孺方》十卷"，《宋史·艺文志》记载"王颜《续传信方》十卷、《婴孩方》十卷"等。《孺子方》与《婴孺方》《婴孩方》等当是同类医书。

②惊蹶：又称作抽筋、抽风、惊风、抽搐等，一种婴幼儿神经系统常见病，其突出特征为：婴幼儿突然意识不清、两眼上翻、口吐白沫、四肢抽动等。

〔译文〕

《孺子方》中记载："治疗小儿不明原因的惊厥，用苦茶和葱须一起煎水让患儿服用。"

八之出

〔题解〕

　　此章主要评述唐代山南、淮南、浙西、剑南、浙东等地区的茶叶品质，陆羽所探讨的这些茶产区与我国当今产茶区的大部分区域基本一致，并对这些地区的茶叶品质做了"上""次""下""又下"四个等级的评价。这四个等级里，"上"是茶叶品质最好的，"次"是比较好的，"下"是中等的，而"又下"则是最差的。其还对不同产茶区各个等级的茶叶品质进行了对比分析。

　　山南地区涵盖范围比较广，大致相当今四川嘉陵江流域以东，陕西秦岭、甘肃嶓冢山以南，河南伏牛山西南，湖北涢水以西，自重庆至湖南岳阳市之间的长江以北地区，故此地区出产的茶品种十分丰富，陆羽通过综合分析峡州、襄州、荆州、衡州、金州、梁州等地的茶叶品质，他提出"峡州上""襄州、荆州次""衡州下""金州、梁州又下"。唐李肇《唐国史补》和杨晔《膳夫经手录》都一致记载峡州产有名茶碧涧、明月、茱萸簝等，这说明陆羽把峡州产的茶作为上等已得到普遍认可。

依据上述的方法,陆羽还对淮南、浙西、剑南、浙东等地区的茶叶品质一一做出了详细的评鉴。唐朝时,部分地区产茶还成为献给朝廷的贡品,宋嘉泰《吴兴志》:"《统记》云:长兴(今浙江长兴)有贡茶院,在虎头岩后曰顾渚。⋯⋯旧于顾渚源建草舍三十余间,自大历五年(770)至贞元十六年(800),于此造茶,急程递进,取清明到京。⋯⋯至贞元十七年,刺史李词以院宇隘陋,造寺一所,移武康吉祥寺额置焉。以东廊三十间为贡茶院,两行置茶碓,又焙百余所,工匠千余人。"唐代上贡给朝廷的名茶有峡州的碧涧茶、荆州的团黄茶、舒州的天柱茶、湖州的顾渚紫笋茶、常州的阳羡茶、睦州的鸠坑茶、雅州的蒙顶茶、宣州的雅山茶、饶州的浮梁茶、溪州的灵溪茶等。

陆羽不是泛泛而谈这些产茶区的茶叶品质,他是在爬山涉水、亲自走访的基础上,逐一进行鉴别的。他认为峡州出产的茶最好,具体到远安、宜都、夷陵三县山谷出产的茶。他认为光州出产的茶最好,还具体到光山县的黄头港。他在越州考察茶叶产出,还著有《会稽查东小山》:"月色寒潮入剡滨,青猿叫断绿林西。昔人已逐东流去,空见年年江草齐。"正是这些如实的记载,让《茶经》更具科学性与可信度。不过非常遗憾,其并未对峡州、光州等出产的茶为何最好做出详细而具体的解释。

《八之出》一文写定于何时,学术界争论不断,通过文中对各产茶区名称的记载,我们也许能够考辨出《八之出》的成文过程。一些地区的称呼在唐代及以前反复变换,据此我们可以推断《八之出》何时写定。且他在记载各产茶区时,对其记述的详细程度也不一样,有的地方精确到县,如峡州、襄州、荆州等;有的地方精确到产茶的山岭,如湖州的顾渚山谷、白茅山悬脚岭、凤亭山伏翼阁、啄木岭等,这些记载也为我们考察《茶经》的成书提供了一定的线索。

在唐代,陆羽评述的产好茶区域,逐渐成为贡品茶的原产地。直到今天,大部分地区依旧是我国著名茶叶的主产地。他以科学的态度记载产茶区,对我们当今发现古茶树种及探寻茶叶地理具有重大的指引作用。且他对不熟悉地区的茶,言之"未详",这也体现了其作为一位茶人的诚实品性。

　　山南①,以峡州上②,峡州生远安、宜都、夷陵三县山谷③。襄州④、荆州次,襄州生南漳县山谷⑤,荆州生江陵县山谷⑥。衡州下⑦,生衡山⑧、茶陵二县山谷。金州、梁州又下⑨。金州生西城、安康二县山谷⑩,梁州生褒城、金牛二县山谷⑪。

〔注释〕

　　①山南:即山南道,因在终南山(今秦岭)、太华山(今华山)两座山之南而得名,唐贞观元年(627)置,为全国十道之一,领有梁州兴元府、凤州、兴州、利州、通州、洋州、合州、集州、巴州、蓬州、壁州、商州、金州、开州、渠州、渝州、邓州、唐州、均州、房州、隋州、郢州、复州、襄州、荆州江陵府、峡州、归州、夔州、万州、忠州等。开元二十一年(733),分为山南东道、山南西道。辖境大致相当今四川嘉陵江流域以东、陕西秦岭、甘肃嶓冢山以南,河南伏牛山西南,湖北涢水以西,自四川重庆至湖南岳阳市之间的长

江以北地区。

②峡州：又称作硖州，因扼三峡之口得名，北周武帝改拓州置，治夷陵县（今湖北宜昌）。隋大业初改置夷陵郡。唐武德二年（619）复为硖州，天宝初又改夷陵郡，乾元初再为硖州，辖境大致相当今湖北宜昌、宜都等市及远安县、枝江市西部。唐杜佑《通典》："土贡茶芽二百五十斤。"产有著名的茶如碧涧、明月、芳蕊、茱萸簝及小江园茶等。上："上"与下文中的"次""下""又下"，是陆羽评价各州茶叶质量的四个等级，唐裴汶《茶述》把碧涧茶列入全国二级贡品之列。

③远安：北周武成元年（559）改高安县置，为汶阳郡治，治所在亭子山下（今湖北远安）。隋大业初属夷陵郡。唐属硖州。宜都：南朝陈天嘉元年（560）置，为宜都郡治。隋开皇十一年（591）改名宜昌县。唐武德二年（619）复名宜都县，为江州治，后属硖州，即今天的湖北宜都县。

④襄州：东汉建安十三年（208）置，治所在襄阳县（今湖北襄阳汉水南襄阳城）。西晋移治宜城县（今湖北宜城）。南朝宋还治襄阳县。西魏改为襄州。隋大业三年（607）复改为襄阳郡。唐武德四年（621）改为襄州。天宝元年（742）复为襄阳郡。乾元元年（758）复为襄州。辖境大致相当今湖北襄阳、宜城、远安等地。

⑤南漳：因漳水县南而得名，隋开皇十八年（598）改思安县置，属襄州，治所即今湖北南漳县，大业初属襄阳郡。唐贞观八年（634）废，开元十八年（730）复置，属襄州。漳，底本原作"郑"，今据《新唐书》卷39《地理志》改。

⑥江陵县：秦置，为南郡治，治所即今湖北荆沙市江陵县。西晋为荆州治。南朝梁萧绎、萧詧等均曾建都于此。隋为南郡治。唐为江陵府治。

⑦衡州：以衡山得名。隋开皇九年（589）置，治所在衡阳县（今湖南衡

阳),大业初改为衡山郡。唐武德四年(621)复为衡州,天宝元年(742)改为衡阳郡,乾元元年(758)复为衡州。辖境大致相当今湖南衡山、常宁、耒阳间湘水流域。

⑧衡山:取南岳衡山为名。西晋改衡阳县置,属衡阳郡,治所在今湖南衡山县。隋废。唐天宝八年(749)改湘潭县置,属衡阳郡。唐李肇《唐国史补》记载名茶产地有"湖南之衡山"。唐杨晔《膳夫经手录》记载衡山茶远销两广及越南。

⑨金州:西魏废帝三年(554)改东梁州置,治所在西城县(今陕西安康)。隋大业三年(583)废。唐武德元年(618)复改西城郡为金州,仍治西城县,天宝元年(742)改为安康郡,至德二年(757)又改汉南郡,乾元元年(758)复为金州。辖境大致相当今陕西石泉以东、旬阳以西的汉水流域。《新唐书·地理志》记载金州土贡茶芽。唐杜佑《通典》:"茶芽一斤。"梁州:三国魏景元四年(263)分益州置,治所在沔阳县(今陕西勉县)。西晋太康三年(282)移治南郑县(今陕西汉中)。辖境大致相当今陕西秦岭以南,大巴山以西,四川青川、江油、中江、遂宁、重庆的璧山、綦江等以东及贵州桐梓、正安等地。南朝宋元嘉十一年(434)还治南郑县。隋大业三年(607)废。唐武德元年(618)复置。辖境大致相当今陕西汉中、城固、南郑、勉县等地及宁强县北部地区。天宝元年(742)改为汉中郡,乾元元年(758)复为梁州。《新唐书·地理志》记载土贡茶。

⑩西城:秦置,属汉中郡,治所在今陕西安康市西北。东汉为西城郡治。三国魏黄初二年(221)为魏兴郡治。晋属魏兴郡。北魏移治汉水之南,即今安康市。北周天和四年(569)废。隋义宁二年(618)复改金川县为西城县,治所即今安康市。唐为金州治,天宝元年(742)为安康郡治,至德二年(757)为汉阴郡治,乾元元年(758)复为金州治。安康:西晋太康元年(280)改安阳县置,属魏兴郡,治所在今陕西石泉县东南。南朝宋为安

康郡治。北周移治今石泉县南。隋属西城郡。唐属金州,至德二年(757)改名汉阴县。

⑪襄城:隋仁寿元年(601)改襄内县置,属梁州,治所在今陕西汉中西北。大业初属汉中郡,义宁二年(618)改为襄中县。唐贞观三年(629)复名襄城县,属梁州。案:底本原作"襄城",而襄城属于河南道许州(今河南襄城),不归山南道梁州之属,且襄城不生产茶叶。故疑"襄"与"襄"字形相似而致误。金牛:取秦五丁力士石牛出金为名。唐武德三年(620)置,治所在今陕西宁强东北,初属襄州,武德八年属梁州,宝历元年(825)废。

〔译文〕

　　山南地区以峡州产的茶为最好,峡州的茶产自远安、宜都、夷陵三县山谷。襄州、荆州产的茶次好,襄州的茶产自南漳县的山谷,荆州的茶产自江陵县的山谷。衡州产的茶差些,衡州的茶产自衡山、茶陵二县的山谷。金州、梁州产的茶又差一些,金州的茶产自西城和安康二县的山谷,梁州的茶产自襄城和金牛二县的山谷。

　　淮南,以光州上①,生光山县黄头港者②,与峡州同。义阳郡、舒州次③,生义阳县钟山者,与襄州同④;舒州生太湖县潜山者⑤,与荆州同。寿州下,盛唐县生霍山者⑥,与衡山同也。蕲州、黄州又下⑦,蕲州生黄梅县山谷⑧,黄州生麻城县山谷⑨,并与金州、梁州同也。金:底本原作"荆",沈冬梅《茶经校注》说:"此处是淮南第四等茶叶与山南第四等茶叶相比,荆州所产茶为山南第二等，不当与其第四等梁州并列，而应当是同为第四等的金州。"。

[注释]

①光州：南朝梁置，治所在光城县（今河南光山）。隋大业初改弋阳郡。唐武德三年（620）复为光州，治所在光山县（今河南光山），太极元年（712）移治定城县（今河南潢川）。辖境大致相当今河南潢川、光山、新县、固始、商城等县及安徽金寨县西部地。

②光山县：以浮光山得名。隋开皇十八年（598）置，为光州治，治所在今河南光山县，大业初为弋阳郡治。唐武德三年（620）改为光州治。黄头港：即黄土港，地处光山县东北。《嘉靖光山县志》："黄土港、亚港在县东北。"

③义阳郡：三国魏文帝时置，属荆州，治所在安昌县（今湖北枣阳南）。东晋末改义阳国复置，移治平阳县（今河南信阳）。南朝宋属南豫州，后为司州治。南齐改为北义阳郡。梁为司州治。东魏武定七年（549）改为义阳郡，为南司州治。北齐为郢州治。北周为申州治。隋大业三年（607）改义州为义阳郡，治所平阳县亦改为义阳县。唐初改为申州，天宝元年（742）复改义阳郡，乾元元年（758）复改为申州。辖境大致相当今河南信阳的罗山和桐柏东部，以及湖北广水、大悟、随州等部分地区。《新唐书·地理志》记载土贡茶。舒州：唐武德四年（621）改同安郡置，治所在怀宁县（今安徽潜山）。天宝元年（742）复为同安郡，至德二年（757）改为盛唐郡，乾元元年（758）复为舒州。辖境大致相当今安徽安庆、怀宁、潜山、岳西、宿松、太湖、望江、桐城、枞阳等地。

④义阳县：三国魏文帝置，为义阳郡治，治所在今河南信阳西北，后

废。西晋初复置,属义阳郡,后又废。南朝宋孝建三年(456)复置。南齐属北义阳郡。北魏正始元年(504)属义阳郡。隋开皇初又改平阳县置,为申州治,治所在今河南信阳,大业初为义阳郡治。唐武德四年(621)为申州治。钟山:山名,地处信阳平桥区东南二十五里。《重修信阳县志》:"钟山在县东南二十五里,隋因山名县。"

⑤太湖县:北齐改太湖左县为太湖县,属龙安郡,治所在今安徽太湖县。隋开皇三年(583)改为晋熙县,十八年复为太湖县,属熙州,大业初属同安郡。唐属舒州。潜山:又称作灊山,在今安徽潜山西北。北宋乐史《太平寰宇记》:"潜山在县西北二十里,有三峰,一天柱山,一潜山,一皖山。"

⑥盛唐县:因县西二十五里有盛唐山为名。唐开元二十七年(739)改改霍山县置,属寿州,治所在驺虞城(今安徽六安)。唐天宝元年(742),又另设立了霍山县。霍山:又称作天柱山,在今安徽霍山西南天柱山。《尔雅·释山》:"霍山为南岳。"晋郭璞《尔雅注》:"(霍山)即天柱山,潜水所出。"唐朝时,霍山因产茶量多而特别有名,有"霍山小团""黄芽"之说。

⑦蕲州:南朝陈改罗州置,治所在齐昌县(今湖北蕲春西北)。隋大业三年(607)改为蕲春郡。唐武德四年(621)改蕲春郡为蕲州,天宝初又改为蕲春郡,后又改为蕲州。辖境大致相当今湖北蕲春、浠水、罗田、英山、黄梅、武穴等地。《新唐书·地理志》记载土贡茶。唐裴汶《茶述》把蕲阳茶列入全国一级贡品之列。唐李肇《唐国史补》记载名茶有"蕲门团黄"。黄州:隋开皇五年(585)置,治所在南安县(今湖北新洲),后改名黄冈县,大业初改为永安郡。唐初复为黄州,天宝初改为齐安郡,乾元初复为黄州。辖境大致在今天的黄冈的麻城和红安,武汉的黄陂和新洲,以及孝感的大悟等地。

⑧黄梅县:隋朝开皇十八年(598)改新蔡县置,属蕲州,治所在今湖北黄梅西北,大业初属蕲春郡。唐属蕲州。唐李吉甫《元和郡县志》:"因县北黄梅山为名。"

⑨麻城县:因后赵石勒将麻秋所筑而名。隋朝开皇十八年(598)改信安县置,大业初属永安郡,治所在今湖北麻城东。唐属黄州,元和三年(808)废,大中三年(849)复置。

〔译文〕

淮南地区,以光州出产的茶为最好,光州光山县的黄头港出产的茶与峡州出产的茶品质一样。义阳郡、舒州出产的茶为次好,申州义阳县钟山出产的茶和襄州出产的茶品质一样,舒州太湖县潜山出产的茶与荆州出产的茶品质一样。寿州出产的茶差些,寿州盛唐县霍山出产的茶与衡山出产的茶品质一样。蕲州、黄州出产的茶又差些,蕲州的茶出产自黄梅县的山谷,黄州的茶出产自麻城县的山谷,均与金州、梁州出产的茶品质类似。

浙西①,以湖州上②,湖州,生长城县顾渚山谷③,与峡州、光州同;生山桑、獳狮二坞④,白茅山、悬脚岭⑤,与襄州、荆州、义阳郡同。(荆州:底本原作"荆南",沈冬梅《茶经校注》说:"荆南为荆州节度使号,上文山南道言以'荆州'。")生凤亭山、伏翼涧、飞云、曲水二寺、啄木岭⑥,与寿州、衡州同。(衡州:底本原作"常州",沈冬梅《茶经校注》说:"常州之茶尚未出现,不能提前以之相比,且寿州之茶为三等,而常州之茶为二等,非是同一等级的茶,不能并提,而上文衡州与寿州乃是同一等级之茶。")生安吉、武康二县山谷⑦,与金州、梁州同。**常州次**⑧,常州义兴县生君山悬脚岭北峰下⑨,与荆州、义阳郡同;生圈岭善权寺、石亭山⑩,与舒州同。**宣州、杭州、睦州、歙州下**⑪,宣州生宣城县雅山⑫,与蕲州同;太平县生上睦、临睦⑬,与黄州同;杭州,临安、於潜二县生天目山⑭,与舒州同;钱塘生天竺、灵隐二寺⑮,睦州生桐庐县山谷⑯,歙州生婺源山谷⑰,与衡州同。**润州、苏州又下**⑱,润州江宁县生傲山⑲,苏州长洲县生洞庭山⑳,与金州、蕲州、梁州同。

〔注释〕

①浙西:东汉顺帝永建四年(129)分会稽郡浙江以西为吴郡,以东为会稽郡。唐乾元元年(758),设立浙江西道、浙江东道两度节度使方镇,并把江南西道的宣州、饶州、池州归为浙西节度使。浙江西道简称浙西,节度使初治昇州(今江苏南京),不久徙治苏州(今江苏苏州),后移治宣州(今安徽宣州),贞元后定治润州(今江苏镇江),景福二年(893)又移治杭州(今浙江杭州),辖境大致相当于今江苏长江以南、茅山以东及浙江新安江以北地区和上海市。

②湖州:取州东太湖为名。隋仁寿二年(602)置,治所在乌程县(今浙江湖州),大业初废。唐武德四年(621)复置,天宝元年(742)改吴兴郡,乾元元年(758)复为湖州。辖境大致相当今浙江湖州的长兴、安吉二县及德清东部地。《新唐书·地理志》记载土贡紫笋茶。唐杨晔《膳夫经手录》:"湖州紫笋茶,自蒙顶之外,无出其右者。"

③长城县:因筑城狭而长为名,西晋太康三年(282)分乌程县置,治所在富陂村(今浙江长兴),属吴兴郡。东晋咸康元年(335)徙治箬溪北(今长兴东)。隋开皇九年(589)并入乌程县,仁寿二年(602)复置,属湖州,大业初属吴郡,大业十一年(615)徙治夫槩王故城(今长兴南古城),大业末为长州治。唐武德四年(621)改为绥州治,不久改为雉州治,七年雉州废,县移治今长兴县,属湖州。顾渚山:唐代又称作顾山,在今浙江长兴西北四十七里顾渚村。唐李吉甫《元和郡县志》:"长城县顾山,县西北四十二里。贞元以后,每岁以进奉顾渚紫笋茶,役工三万人,累月方毕。"唐李肇《唐国史补》:"湖州有顾渚之紫笋。"唐裴汶《茶述》还把此茶与蒙顶、蕲阳茶一同列为上等贡品。《新唐书·地理志》:"顾山有茶,以供贡。"案:底本原作"上中",作"山名"据竟陵本《茶经》改。

④山桑、獳狮二坞:山桑坞和獳狮坞。山桑坞,地处长兴北。明《成化湖州府志》:"山桑坞在县北二十里。"清《同治长兴县志》:"山桑坞在顾渚山侧,去县三十五里。"獳狮坞,地处长兴西北。宋《嘉泰吴兴志》:"合溪,本名合涧,在县西北六十里,源出苍雲岭,至山半分为二道,绕獳狮坞南合为一,因名。清《同治长兴县志》:"合涧,在县西北三十里,其源出苍雲岭,半分为二道,由獳狮坞合而为一,故曰合涧。"坞,底本原作"□",今据北宋乐史《太平寰宇记》卷94补入。

⑤白茅山:茅与"茆"同,即白茆山,又称作白苧山,地处清代长兴县西北七十里。清《同治长兴县志》:"白茆山在县西北七十里。"悬脚岭:因岭脚下悬为名,地处今浙江长兴西北地区。悬脚岭为长兴与宜兴的分界之处,境会亭就在此。宋《嘉泰吴兴志》:"悬脚岭,在长兴县西北七十里,高三百一十尺,《山墟名》云:以岭脚下悬为名,多产箭竹茶茗。"

⑥凤亭山:在长兴西北五十里。宋《嘉泰吴兴志》:"凤亭山,在县西北

五十里,高一千丈。《山墟名》云:昔有凤栖山上,多产栲栎。"《明一统志》:"在长兴县西北五十里,相传昔有凤栖息于此。"伏翼洞:在长兴西三十九里。宋《嘉泰吴兴志》:"伏翼洞,在长兴县西三十九里。《山墟名》云:洞,中多产伏翼。"《明一统志》:"在长兴县西三十九里,洞中多产伏翼。"飞云:即飞云寺,因寺侧有风穴,故云雾不得霭郁于其间而名,在长兴县的飞云山上,南朝宋元徽五年(477)建寺,北宋治平二年(1065)改为广福禅院。宋《嘉泰吴兴志》:"飞云山,在县西二十里,高三百五十尺。《山墟名》云:山南有风穴,故云雾不得霭郁于其间。宋元徽五年(477)置飞云寺。……广福禅院,在县西三十里合溪。宋元徽五年(477),建号飞云寺。本朝治平二年(1065),改今额。"曲水:即曲水寺,在长兴县西曲水村,陈大建五年(573)建,在宋治平二年(1065)改此名。宋《嘉泰吴兴志》:"宝相寺,在县西曲水村。陈大建五年(573)建,名曲水寺。本朝治平二年(1065),改今额。"啄木岭:因山万木丛薄多鸟故名,地处长兴县北五十里,唐代建有镜会亭。宋《嘉泰吴兴志》:"啄木岭,在县北五十里,高二千四百尺。《山墟名》云:其山万木丛薄,多鸟故名啄木。"

⑦安吉:东汉中平二年(185)分故鄣县置,属丹阳郡,治所在天目乡(今浙江安吉)。三国孙吴宝鼎元年(266)分属吴兴郡。南朝梁属广梁郡,陈属陈留郡。隋开皇九年(589)废,义宁二年(618)沈法兴复置。唐武德四年(621)改属桃州,武德七年(624)又废,麟德元年(664)再置,属湖州,开元二十六年(738)徙治玉磐山,在今浙江湖州安吉县。武康:以县有武康山而得名。西晋太康元年(280)改永安县置,属吴兴郡,治所在今浙江德清。隋开皇九年(589)废,仁寿二年(602)复置,属湖州,大业三年(607)改属余杭郡。唐初李子通于此置安州,寻改武州。武德七年(624)复属湖州。

⑧常州:隋开皇九年(589)改晋陵郡置,治所在常熟县(今江苏常熟),后移治晋陵县(今江苏常州),大业初改为毗陵郡。唐武德三年(620)复为常州,垂拱二年(686)又分晋陵县西界置武进县,同为州治,天宝初改为晋陵郡,乾元初复为常州。辖境大致相当今江苏常州、无锡、江阴、武进、宜兴等地。《新唐书·地理志》记载土贡紫笋茶。

⑨义兴县:隋开皇九年(589)改阳羡县置,属常州,治所在今江苏宜兴,大业初属毗陵郡。唐属常州。常州出产的贡茶,是宜兴紫笋茶,又称作阳羡紫笋茶。唐裴汶《茶述》把义兴茶列为全国第二类贡品。宋《嘉泰吴兴志》:"《唐义兴县重修茶舍记》云:'义兴贡茶,非旧也。'前此故御史大夫李栖筠,典是邦,僧有献佳茗者,会客尝之,野人陆羽以为芬香甘辣,冠于他境,可荐于上。(李)栖筠从之,始进万两,此其滥觞也。"君山:又称作荆南山,位于荆溪之南,在宜兴县西南三十里处。南宋《咸淳重修毗陵志》:"宜兴君山,在县西南三十里,旧名荆南山,高二百三十仞。"

⑩善权寺:南朝齐时建。唐朝称为善权寺,宋朝时改名广教禅院,明朝时又改名善权寺。唐羊士谔《息舟荆溪入阳羡南山游善权寺呈李功曹巨》:"结缆兰香渚,柴车上连冈。"张祜《题善权寺》:"碧峰南一寺,最胜是仙源。峻坂依岩壁,清泉泄洞门。金函崇宝藏,玉树阅灵根。寄谢香花叟,高踪不可援。"唐李蟾不仅作《题善权寺石壁》一诗,还写有《请自出俸钱收赎善权寺事奏文》,该文记载善权寺"在县南五十里离墨山,是齐时建立"。明《万历常州府志》记载都穆《游善权洞记》:"善权寺,寺在国山东南,齐建元中建,盖祝英台之故宅也。"《江南通志》:"善权寺,宋名广教禅院,在宜兴县西南五十里永丰区,齐建元二年以祝英台故宅创建,明改为善权寺。"石亭山:宜兴城南的一座小山。明王世贞《石亭山居记》:"城南之五里……其高与延袤皆不能里计。"明《万历宜兴县志》:"黄潼涧,在县南五

里,源出石亭,北入荆溪。"

⑪宣州:隋开皇九年(589)改宣城郡置,治所在宛陵县(今安徽宣州),大业初改宣城县(今安徽宣州)。唐武德三年(620)复为宣州,天宝元年(748)改为宣城郡,乾元元年(758)复为宣州。辖境大致相当今安徽长江以南,郎溪、广德以西,旌德以北,东至以东地。杭州:隋开皇九年(589)置,初治余杭县(今浙江杭州),后移治钱塘县,大业初改余杭郡。唐武德四年(621)复置杭州,武德六年废,武德七年又置,天宝元年(742)又改为余杭郡,乾元元年(758)复为杭州。辖境大致相当今浙江的杭州、临安、海宁、嘉兴等一带。睦州:隋仁寿三年(603)置,治所在新安县(今浙江淳安),大业三年(607)改遂安郡,徙治雉山县。唐武德四年(621)复为睦州,武德七年改为东睦州,八年复改睦州,万岁通天二年(697)移治建德县(今浙江建德),天宝元年(742)改为新定郡,乾元元年(758)又复为睦州。辖境大致位于今浙江淳安、建德、桐庐等地。《新唐书·地理志》记载土贡细茶。唐李肇《唐国史补》记载名茶"睦州有鸠坑"。歙州:隋开皇九年(589)置,治所在海宁县,后改为休宁县(今安徽休宁),大业三年(607)改为新安郡,隋末移治歙县(今安徽歙县)。唐武德四年(621)复为歙州,治所仍在歙县。天宝元年(742)改为新安郡,乾元元年(758)又改为歙州。辖境相当今安徽新安江流域、祁门和江西婺源等地。唐杨晔《膳夫经手录》记载有"新安含膏""先春含膏",并云:"歙州、祁门、婺源方茶,制置精好,不杂木叶,自梁、宋、幽并间,人皆尚之。赋税所入,商贾所赍,数千里不绝于道路。"

⑫雅山:又称作鸭山、丫山、鸦山等,在今安徽宁国县境。唐杨晔《膳夫经手录》载:"宣州鸭山茶,亦天柱之亚也。"五代毛文锡《茶谱》载:"宣城有丫山小方饼。"北宋乐史《太平寰宇记》记载宁国县"鸦山出茶,尤为时

贵。《茶经》云:味与蕲州同"。

⑬太平县:唐天宝十一年(752)分泾县西南十四乡置,属宣城郡。乾
元初,属宣州,大历中废,永泰中复置,治所在今安徽黄山市。上睦、临睦:
太平县的两个地名。上睦,在黄山北麓。临睦,舒溪的东源,起源自黄山
主峰南麓,环绕至东面北流,入太平县境,被称作睦溪,位于上睦北面。

⑭临安:西晋始置,隋朝废置。唐朝垂拱年间复置,属杭州,在今杭州
临安。於潜:汉代始置,唐朝属于杭州,在浙江临安西六十余里,清末尚有
该县,今已并入临安。天目山:因山有两峰,峰顶各有一池,左右相对,名
曰天目。天目山脉横亘于浙西北、皖东南边境,有东天目山和西天目山两
座高峰,海拔都在一千五百米左右,东天目山在临安县西北五十余里处,
西天目山在旧於潜县北四十余里处。

⑮钱塘:南朝时改钱塘县置。隋开皇十年(590)为杭州治,大业初为
余杭郡治。唐初复为杭州治,在今浙江杭州市。灵隐:灵隐寺,位于杭州
西十五里灵隐山下,因山得名。东晋咸和元年(326)天竺僧慧理建。灵隐
寺南面有天竺山,北麓有天竺寺,后世分建上、中、下三寺,下天竺寺在灵
隐飞来峰。陆羽曾到过杭州,写有《天竺、灵隐二寺记》。

⑯桐庐县:三国吴黄武五年(226)分富春县置,属东安郡,治所在今浙
江桐庐。黄武七年改属吴郡。隋开皇九年(589)废置,仁寿二年(602)复
置,属睦州,大业初属遂安郡。唐武德四年(621)为严州治,七年州废,仍
属睦州。开元二十六年(738)徙今桐庐县治,在今浙江杭州桐庐。

⑰婺(wù)源:唐开元二十八年(740)置,属歙州,治所在今江西婺源
西北的清华镇。

⑱润州:隋开皇十五年(595)置,治所在延陵县(今江苏镇江),大业三
年(607)废。唐武德三年(620)复置,治所在丹徒县(今江苏镇江),天宝

元年(742)改为丹阳郡,乾元元年(758)复为润州。辖境大致相当于今江苏南京、句容、镇江、丹徒、丹阳、金坛等地。苏州:隋开皇九年(589)改吴州置,治所在吴县(今江苏苏州),以姑苏山得名。大业初复为吴州,不久又改为吴郡。唐武德四年(621)复为苏州,武德七年徙治今苏州市,开元二十一年(733)后,为江南东道治所,天宝元年(742)复为吴郡,乾元后仍为苏州。辖境大致相当于今江苏吴县、常熟以东,浙江桐乡、海盐东北和上海部分地区。

⑲江宁县:因江外无事宁静而名。在今江苏南京江宁区。西晋太康二年(281)改临江县置,属丹阳郡,治所在今江苏南京江宁区西南。隋开皇十年(590)移治冶城(今江苏南京)。唐武德三年(620)改名为归化县,贞观九年(635)又将白下县更名为江宁县,属润州,至德二年(757)为江宁郡治,乾元元年(758)为升州治,上元二年(761)改为上元县(今江苏南京)。傲山:在今南京市,具体位置不详。

⑳长洲县:唐武则天万岁通天元年(696)分吴县置,与吴县并为苏州治,治所在今江苏苏州。唐李吉甫《元和郡县志》:"取长洲苑为名。"洞庭山:在今江苏苏州吴中区西南。有东、西二山。东山又称作胥母山、莫釐山,原系湖中小岛,元、明以后始与陆地相连成半岛,今称作洞庭东山或东洞庭山,俗称作东山。西山为太湖中最大岛屿,又称作包山、苞山、夫椒山,今称作洞庭西山或西洞庭山,俗称作西山。

〔译文〕

　　浙西地区,以湖州出产的茶品质最好,湖州长城县顾渚山谷出产的茶,与峡州、光州出产的茶品质类同;山桑、獳师二坞,及白茅山、悬脚岭出产的茶,与襄州、荆州、义阳郡出产的茶品质类同;凤亭山、伏翼涧,飞云寺、曲水寺及啄木岭出产的茶，与寿州、衡州出产的茶品质类同。安吉县和武康县山谷出产的茶，与金州、梁州出产的茶品质类同。**常州产出的茶品质次好**，常州义兴县君山悬脚岭北峰下出产的茶，与荆州、义阳郡出产的茶品质类同；圈岭善权寺、石亭山出产的茶，与舒州出产的茶品质类同。**宣州、杭州、睦州、歙州产出的茶品质差些**，宣州宣城县雅山出产的茶，与蕲州出产的茶品质类同；太平县上睦、临睦出产的茶，与黄州出产的茶品质类同；杭州临安县、於潜县天目山出产的茶，与舒州出产的茶品质类同；钱塘县天竺寺、灵隐寺，睦州桐庐县山谷及歙州婺源山谷出产的茶，与衡州出产的茶品质类同。**润州、苏州产出的茶品质又差一些**，润州江宁县傲山及苏州长洲县洞庭山出产的茶，与金州、蕲州、梁州出产的茶品质类同。

剑南①，以彭州上②，生九陇县马鞍山、至德寺、棚口③，与襄州同。**绵州、蜀州次**④，绵州龙安县生松岭关⑤，与荆州同；其西昌、昌明、神泉县西山者并佳⑥；有过松岭者不堪采。蜀州青城县生丈人山⑦，与绵州同。青城县有散茶、木茶。**邛州次**⑧，**雅州、泸州下**⑨，雅州百丈山、名山⑩，泸州泸川者，与金州同也。**眉州、汉州又下**⑪，眉州丹棱县生铁山者⑫，汉州绵竹县生竹山者⑬，与润州同。

〔注释〕

①剑南：以在剑阁之南得名。唐贞观元年（627）置，为全国十五道之

一。开元二十一年(733)变为政区,为十五道之一,治所在益州(今四川成都),乾元元年(758)废。辖地大致相当今四川涪江流域以西,大渡河流域和雅砻江下游以东,云南澜沧江、哀牢山以东、曲江、南盘江以北,贵州水城、普安以西和甘肃文县一带。

②彭州:唐武德元年(618)置,治所在彭原县(今甘肃西峰北),辖境大致相当今甘肃西峰,贞观元年(627)废。贞观七年又改羁縻洪州置,属松州都督府,治所在今四川马尔康东,后废。垂拱二年(686)又分益州四县置,治九陇县(今四川彭州西北)。天宝初改为蒙阳郡,乾元元年(758)复改为彭州,辖境大致在今四川彭州、都江堰等地。

③九陇县:取九陇山为名。北周时期置,治所在今四川彭州西北九陇镇,属九陇郡治,隋属蜀郡。唐垂拱二年(686)为彭州治。马鞍山:在今四川彭州,疑《茶经》"马鞍山"为彭州西山九陇之一,南宋祝穆《方舆胜览》:"古彭州之西山:一伏陇、二豆陇、三秋陇、四龙奔陇、五走马陇、六骆驼陇、七千秋陇、八较车陇、九横担陇。"至德寺:在彭州至德山中,南宋祝穆《方舆胜览》:"彭州有至德山,寺在山中。"堋口:又作棚口。唐朝时,堋口茶就非常有名。五代毛文锡《茶谱》:"彭州有蒲村、堋口、灌口,其园名仙崖、石花等,其茶饼小而布嫩芽如六出花者尤妙。"

④绵州:隋开皇五年(585)改潼州置,治巴西县(今四川绵阳)。大业初改为金山郡。唐武德元年(618)复为绵州,天宝元年(742)改为巴西郡,乾元元年(758)复为绵州。辖境大致位于今四川罗江上游以东、潼河以西江油、绵阳间的涪江流域。蜀州:唐垂拱二年(686)分益州置,治所在晋原县(今四川崇州)。天宝元年(742)改为唐安郡,乾元元年(758)复为蜀州。辖境大致位于今四川崇州、新津等地。蜀州出产雀舌、鸟嘴、麦颗、片甲、蝉翼等名茶。

⑤龙安县：因县北有龙安山而得名，在今四川绵阳。唐武德三年（620）置，属绵州，天宝初属巴西郡，乾元初属绵州五代。唐五代毛文锡《茶谱》："龙安有骑火茶，最上，言不在火前、不在火后作也。清明改火，故曰骑火。"松岭关：在今四川北川，唐置，属龙安县，开元十八年（730）废，是茂州（今四川茂县）和绵州（今四川绵阳）之间交通要隘。唐杜佑《通典》记载龙安县松岭关"在县西北百七十里"。清《乾隆安县志》："松岭关，城北七十里，与彰明县连界古有关，今废。"

⑥西昌：唐永淳元年（682）改益昌县置，属绵州，治所在今四川安县东南。天宝初属巴西郡，乾元初复属绵州。北宋熙宁五年（1072）废入龙安县。昌明：唐先天元年（712）置，属绵州。天宝初属巴西郡，乾元初复属绵州，治所在今四川江油。昌明地产茶，唐白居易的《春尽日》："渴尝一碗绿昌明。"唐李肇《唐国史补》："名茶有昌明兽目，昌明茶已于七百八十年以前运往吐蕃。"神泉县：因县西有泉十四穴，有治病神效而被称为神泉。隋开皇六年（586）置，属绵州，治所在今四川绵阳南。大业初属金山郡。唐武德初属绵州，天宝初属巴西郡，乾元初属绵州。神泉县地产茶，唐李肇《唐国史补》："东川有神泉小团、昌明兽目。"西山：山名，在神泉县。

⑦青城县：以青城山为名。唐开元十八年（730）改清城县置，属蜀州。天宝初属唐安郡，乾元初复属蜀州，治所在今四川都江堰市东南。丈人山：青城山有三十六峰，丈人峰是主峰。

⑧邛州：因南接邛来山而命名。南朝梁置，治所在蒲口顿（在今四川邛崃东南）。隋大业二年（606）废。唐武德元年（618）复置，治依政县。显庆二年（657）移治临邛县（今四川邛崃），天宝元年（742）改为临邛郡，乾元元年（758）复为邛州。辖境大致相当今四川邛崃、大邑、蒲江等地。邛州地产茶，五代毛文锡《茶谱》："邛州之临邛、临溪、思安、火井，有早春、火

前、火后、嫩绿等上、中、下茶。"

⑨雅州：因州境雅安山得名，隋仁寿四年（604）置，治所在蒙山县（今四川雅安西），大业三年（607）改为临邛郡。唐武德元年（618）复改雅州，治所在严道县（今四川雅安西），天宝元年（742）改为卢山郡，乾元元年（758）复改为雅州。辖境大致相当今四川雅安、名山、荥经、天全、卢山、宝兴等地。雅州地产茶，《新唐书·地理志》记载出产土贡茶。唐李吉甫《元和郡县志》："蒙山在（严道）县南十里，今每岁贡茶，为蜀之最。"所产蒙顶茶和顾渚紫笋茶都是唐代著名的茶。唐杨晔《膳夫经手录》载："元和以前，束帛不能易一斤先春蒙顶。"泸州：取泸水为名。南朝梁大同年间置，治所在江阳县（今四川泸州）。隋朝大业三年（607）改为泸川郡。唐武德元年（618）复改泸州，治所在泸川县（今四川泸州），天宝元年（742）改为泸川郡，乾元元年（758）又改为泸州。辖境大致相当今四川泸州、隆昌、富顺、江安、纳溪，及重庆合江、荣昌等地。

⑩百丈山：在今雅安名山东北六十里。唐武德元年（618）置百丈镇，贞观八年（634）改百丈镇为百丈县，属雅州，百丈山在其境内。《旧唐书·地理志》："百丈山，武德置百丈镇，贞观八年改镇为县。"清《乾隆雅州府志》："百丈山，在县东北。《唐志》：百丈县有百丈山。《元和志》：百丈县东有百丈穴，故名。《明一统志》：百丈山在县东北六十里，上有穴圆百尺、深百丈，因名。"名山：又称为蒙山、鸡栋山，在今四川雅安名山区西。唐李吉甫《元和郡县志》记载名山"在（名山）县西北一十里"。百丈山、名山都产好茶。唐五代毛文锡《茶谱》："雅州百丈、名山二者尤佳。"宋王象之《舆地纪胜》："蒙顶茶，《寰宇记》云：蒙山在名山县西七十里，北连罗绳山，南接严道县。《州记》云：蒙山者，沐也。言雨露尝蒙因以为名，山顶受全阳气，其茶香芳。《茶谱》云：山有五顶，顶有茶园，中顶曰上清峰，所谓

蒙顶茶也。"

⑪眉州:因峨眉山为名。西魏废帝三年(554)改青州置,治所在齐通郡齐通县(今四川眉山)。隋废。唐武德二年(619)复置,治所在通义县(今四川眉山)。天宝元年(742)改为通义郡,乾元元年(758)复为眉州。辖境大致相当今四川眉山、彭山、丹棱、洪雅、青神等地。眉州地产好茶,五代毛文锡《茶谱》:"眉州洪雅、昌阖、丹棱,其茶如蒙顶制饼茶法,其散者叶大而黄,味颇甘苦,亦片甲,蝉翼之次也。"汉州:唐垂拱二年(686)分益州置,治所在雒县(今四川广汉)。天宝元年(742)改为德阳郡,乾元元年(758)改为汉州。辖境大致相当今四川广汉、德阳、绵竹、什邡、金堂等地。

⑫丹棱县:隋开皇十三年(593)置,属嘉州。唐属眉州,治所在今四川丹棱县。棱,底本原作"校",今据《新唐书》卷42改。铁山:又称为铁桶山,在丹棱县东南四十里处。《大清一统志》:"铁桶山,在丹棱县东南四十里。"

⑬绵竹县:隋大业二年(606)改孝水县为绵竹县,治所在今四川绵竹,属蜀郡。唐武德三年(620)属蒙州,后蒙州废置,属汉州。竹山:又称作绵竹山、紫岩山、武都山等,在今绵竹市。《大清一统志》:"紫岩山,在绵竹县西北。《汉书·地理志》:绵竹有紫岩山。《元和志》:在县西北三十里。《名胜志》:山极高大,亦名绵竹山。"

[译文]

剑南一带,以彭州出产的茶品质为最好,九陇县马鞍山、至德寺、棚口出产的茶与襄州出产的茶品质类同。绵州、蜀州出产的茶品质为次好,绵州龙安县松岭关出产的茶同荆州出产的茶品质类同;西昌、昌明和神泉县西山出产的茶品质一样好，而松岭以外的茶就不值得采摘了。蜀州青城县丈人山出产的茶与绵州出产的茶品质类同。青城县出散茶、木茶。邛州出产的茶品质次好，雅州、泸州出产的茶品质差些，雅州百丈山、名山出产的茶，泸州泸川出产的茶，与金州出产的茶品质类同。眉州、汉州出产的茶品质又差一些，眉州丹棱县铁山出产的茶，汉州绵竹县竹山出产的茶，与润州出产的茶品质类同。

浙东①，以越州上，余姚县生瀑布岭曰仙茗②，大者殊异，小者与襄州同。明州、婺州次③，明州鄮县生榆荚村，婺州东阳县东白山④，与荆州同。台州下⑤。台州始丰县生赤城者⑥，与歙州同。

〔注释〕

①浙东：唐代浙江东道节度使方镇的简称。乾元元年（758）置浙江东道节度使，治所在越州（今浙江绍兴），长期领有越州、衢州、婺州、温州、台州、明州、处州七州，辖境相当今浙江省衢江流域、浦阳江流域以东地区。

②瀑布岭：在余姚太平山。北宋乐史《太平寰宇记》："（余姚县）太平山，在县东南七十八里，接连天台，即谢敷隐居之所。瀑布岭，《茶经》云：越州余姚茶生瀑布岭者，号曰'仙茗'。大者殊异，小者与襄州同。"底本原作"瀑布泉岭"，今据北宋乐史《太平寰宇记》改。

③明州：以境内四明山得名。唐开元二十六年（738）分越州置，天宝元年（742）更名余姚郡，乾元元年（758）复为明州，长庆元年（821）迁治今宁波市，辖境大致在今浙江宁波、慈溪、奉化以及舟山群岛等地。

④东阳县:唐垂拱二年(686)析义乌县置,属婺州,治所在今浙江东阳。东白山:在东阳县东北。《明一统志》记载东白山"在东阳县东北八十里……西有西白山对焉"。东白山产名茶,唐李肇《唐国史补》记载"婺州有东白"名茶。白,底本原作"自",今据《明一统志》改。

⑤台州:因天台山为名。唐武德五年(622)改海州置,治所在临海县(今浙江临海)。天宝元年(742)改临海郡,乾元元年(758)复改台州。辖境大致相当今浙江临海、台州二市及天台、仙居、宁海、象山、三门、温岭六县地。

⑥台州:底本原无,今据竟陵本《茶经》补入。始丰县:因临始丰水为名,在今天的浙江天台。晋太康元年(280)因与雍州始平县重名,改为始丰县,治所在今浙江天台,属临海郡。隋废。唐武德四年(621)复置,八年又废。贞观八年(634)又置,属台州,上元初年改为唐兴县,属台州。赤城:即赤城山,又称作烧山、消山,在今天的浙江天台北。南朝宋孔灵符《会稽记》:"赤城山,土色皆赤,岩岫连沓,状似云霞。"南宋《嘉定赤城志》:"赤城山,在县北六里,一名烧山,又名消山。石皆霞色,望之如雉堞,因以为名。"

〔译文〕

浙东地区,以越州出产的茶品质为最好,余姚县瀑布岭出产的茶被称作仙茗,叶大的茶很是特别,叶小的茶与襄州出产的茶品质类同。明州、婺州出产的茶品质为次好,明州鄮县榆荚村出产的茶,婺州东阳县东白山出产的茶,与荆州出产的茶品质类同。台州出产的茶品质差些。台州丰县赤城山出产的茶,与歙州出产的茶品质类同。

黔中①,生思州、播州、费州、夷州②。

[注释]

①黔中:唐开元二十一年(733)分江南道西部置,为开元十五道之一,治所在黔州(今重庆彭水苗族土家族自治县),乾元元年(758)废。辖境大致相当今湖北清江与湖南沅江上游,贵州桐梓、金沙、毕节、纳雍、晴隆、兴义等地以东,重庆綦江、彭水,以及广西壮族自治区西林、凌云、东兰、南丹等地。

②思州:因思邛水为名,属黔中道。唐贞观四年(630)改务州置,天宝元年(742)改为宁夷郡,乾元元年(758)复为思州,治所在务川县(今贵州沿河),辖境大致相当今重庆酉阳、秀山和贵州沿河、务川、印江等地。思,底本原作"恩",今据《新唐书》卷41《地理志》改。播州:因该地有播川为名,属黔中道。唐贞观初置郎州,旋废。贞观十三年(639)复置改名,治恭水(今贵州遵义),辖境大致相当今贵州遵义、桐梓等地。费州:属黔中道,唐贞观四年(630)分思州置,治所在涪川(今贵州思南)。天宝元年(742)改为涪川郡,乾元元年(758)复旧称。辖境大致位于今贵州德江、思南等地。夷州:属黔中道,唐武德四年(621)置,治所在绥阳(今贵州凤岗),贞观元年(627)废,贞观四年复置。辖境大致在今贵州凤岗、绥阳、湄潭等地。

[译文]

黔中的茶,出产于思州、播州、费州、夷州等地。

江南,生鄂州、袁州、吉州^①。

〔注释〕

①鄂州:因鄂渚以为州名。隋开皇九年(589)改郢州置,治所在江夏县(今湖北武汉),大业三年(607)改为江夏郡。唐武德四年(621)复为鄂州,天宝元年(742)改为江夏郡,乾元元年(758)复为鄂州。辖境大致相当今湖北蒲圻以东,阳新以西,武汉长江以南,幕阜山以北地。鄂州出名茶,唐杨晔《膳夫经手录》记载鄂州与蕲州为产茶要地,销往河南、河北、山西等地,其茶税是浮梁县的数倍。袁州:因袁山为名。隋开皇十一年(591)置,治所在今江西宜春。唐武德四年(621)复为袁州,以宜春为州治。天宝元年(742)改为宜春郡,乾元元年(758)复为袁州。辖境大致相当今江西萍乡市和新余市以西的袁水流域。袁州产名茶,五代毛文锡《茶谱》:"袁州之界桥(茶),其名甚著。"吉州:隋开皇中改庐陵郡置,治所在庐陵县(今江西吉水北),大业初复为庐陵郡。唐武德五年(622)改为吉州,永淳元年(682),徙治今江西吉安。天宝元年(742)改为庐陵郡,乾元元年(758)复为吉州。辖境大致相当今江西新干、泰和间的赣江流域及安福、永新等地。

〔译文〕

江南的茶,出产于鄂州、袁州、吉州地区。

岭南^①,生福州、建州、韶州、象州^②。_{福州生闽县方山之阴也^③。}

〔注释〕

①岭南:以在五岭之南而得名。唐贞观元年(627)置,为全国十道之一。开元二十一年(733),置岭南道采访处置使,治所在广州(今广东广州),为十五道之一,乾元元年(758)废。辖境大致相当今广东、广西、海南三省区、云南南盘江以南及越南北部地区。

②福州:因州西北福山得名。唐开元十三年(725)改闽州置,治所在闽县(今福建福州)。天宝元年(742)改为长乐郡,乾元元年(758)复为福州。辖境大致相当今福建尤溪北尤溪口以东的闽江流域和古田、屏南、福安、福鼎等市县以东地区。《新唐书·地理志》记载福州有土贡茶。建州:唐武德四年(621)置,治所在建安县(今福建建瓯)。天宝元年(742)改为建安郡,乾元元年(758)复名建州。辖境相当今福建南平以上的闽江流域(沙溪中上游除外)。北宋张舜民《画墁录》:"贞元中,常衮为建州刺史,始蒸焙而碾之,谓研膏茶。"到唐朝末年,建州北苑的茶最为著名,成为五代南唐和北宋的主要贡茶。韶州:因州北韶石为名。隋开皇九年(589)改东衡州置,治所在曲江县(今广东韶关南)。开皇十一年废。唐贞观元年(627)复改东衡州置,治所在曲江县(在今广东韶关西)。天宝元年(742)改为始兴郡,乾元元年(758)复为韶州。辖境大致相当今广东乳源、曲江、翁源以北地区。象州:因象山为州名。隋开皇十一年(591)置,治所在桂林县(今广西象州东南),大业二年(606)废。唐武德四年(621)复置,治所在武德县(今广西象州西北),贞观十三年(639)徙治武化县(在广西象州东北),天宝元年(742)改为象山郡,乾元元年(758)复为象州,大历十一年(776)移治阳寿县(今广西象州)。辖境大致相当今广西象州、武宣等地。

③闽县:隋开皇十二年(592)改原丰县置,为泉州治,治所即今福建福州,大业三年(607)为建安郡治。唐武德六年(623)仍为泉州治,景云二年(711)改为闽州治,开元十三年(725)改为福州治,天宝元年(742)改为长乐郡治,乾元元年(758)复为福州治,贞元五年(789)为福州治。方山:今福建闽侯东南五虎山,山顶方平,因而得名。北宋乐史《太平寰宇记》记载方山"在州南七十里,周回一百里,山顶方平,因号方山。上有珍果,惟就食则可,携去即迷。天宝六载,敕改为甘果山"。方山产名茶,唐李肇《唐国史补》:"福州有方山之露芽。"

〔译文〕

　　岭南的茶,出产在福州、建州、韶州、象州。福州的茶出产自闽县方山的北面。

　　其思、播、费、夷、鄂、袁、吉、福、建、泉、韶、象十一州未详,往往得之,其味极佳。

〔译文〕

　　对于思州、播州、费州、夷州、鄂州、袁州、吉州、福州、建州、泉州、韶州、象州这十一州所产的茶,具体情况还不大清楚,但时常会得到一些,品尝后,感觉味道非常好。

九之略

〔题解〕

　　此章主要介绍了在各种特殊时间、地点下,可以省略不用的一些制茶工具和饮茶器具,这既体现了陆羽对制茶、煮茶等所做的灵活变通,也彰显了其一直倡导"茶性俭"的茶道精神,更暗含了他追求自由洒脱、喜爱山间田园的志趣。此外,他特别强调在城市之中、王孙贵族之家,饮茶用的二十四种器具不可少。

　　《二之具》中已经详细地阐述了采茶、制茶的各种工具,然制茶的工具也有用不上的时刻。如在寒食节时,我国传统上在此时会禁烟火,但制茶需要火的烘烤。陆羽提出在野外寺院或山间茶园等地制茶,这样还可以节省一些制茶的工具,部分茶器也可以省去不用。如在山林石头上用来摆放茶器时用的具列可以不用,在山泉旁或溪水边,水方、涤方、漉水囊也可以不用。

　　陆羽举了上述几个典型的例子来说明省略的一些茶器,我们完全可以根据他所举的例子,举一反三,把此理念运用到更广的时空中去。在野外制茶、煮茶等,可以省略不用一些茶器,这种节省理念也非常符合"茶性俭"的茶道精神。茶产自自然,煮茶之水源自然,陆羽直接利用自然之水来制茶、煮茶等,这亦体现他热爱、向往大自然,追求过一种与自然为友的田园生活。

在本章末尾,陆羽着重提到生活在都市的王孙贵族之家在煮茶时要全用二十四种茶器,这与他认为在野外制茶、煮茶时可以节省一些茶器形成强烈的对比。或许他想借茶"之略"表达:人在自然之中,可以无忧无虑、自由自在地去制茶、煮茶、喝茶等;而在王孙贵族之家,就会有各种繁琐的礼节来束缚人们制茶、煮茶、喝茶等。在二十四种茶器使用的全与不全之中,也蕴含着陆羽的不尽寄托。

陆羽在此处论述一些制茶工具和饮茶器具可以省略不用,这可能与他撰写的《毁茶论》有密切联系。唐封演《封氏闻见记》记载:"御史大夫李季卿宣慰江南,至临淮县馆,或言伯熊善茶者,李公请为之。伯熊著黄被衫、乌纱帽,手执茶器,口通茶名,区分指点,左右刮目。茶熟,李公为啜两杯而止。既到江外,又言(陆)鸿渐能茶者,李公复请之。(陆)鸿渐身衣野服,随茶具而入。既坐,教摊如伯熊故事。李公心鄙之,茶毕,命奴子取钱三十文酬煎茶博士。(陆)鸿渐游江介,通狎胜流,及此羞愧,复著《毁茶论》。"《新唐书·陆羽传》也记载:"有常伯熊者,因(陆)羽论复广著茶之功。御史大夫李季卿宣慰江南,次临淮,知伯熊善煮茶,召之,伯熊执器前,季卿为再举杯。至江南,又有荐羽者,召之,羽衣野服,挈具而入,季卿不为礼,羽愧之,更著《毁茶论》。"这两则史料都记述了陆羽因受李季卿之邀煮茶,回去后著有《毁茶论》。《毁茶论》亦有可能就是《九之略》。

其造具，若方春禁火之时[①]，于野寺山园，丛手而掇[②]，乃蒸，乃舂，乃拍，拍：底本原作"□"，今据程福生本《茶经》补。以火干之，则又棨、扑、焙、贯、棚、穿、育等七事皆废[③]。

〔注释〕

①方：正在，正当，表示某种状态正在持续或某种动作正在进行。禁火：即寒食节，又称作禁烟节、冷节等，清明节前一天或两天，要禁烟火，吃冷食。

②丛手而掇：大家一起采摘嫩茶叶。

③又：表示加重语气、更进一层。扑：底本原作"朴"，今据竟陵本《茶经》改。棚：底本原作"相"，今亦据竟陵本《茶经》改。

〔译文〕

关于制作茶叶的工具，如果当时是春季寒食节禁火的时候，在野外寺院或山间茶园，大家一起动手采摘嫩茶叶，立即蒸熟，捣碎，拍成饼形，用火烘烤干，那么制茶用的棨、扑、焙、贯、棚、穿、育等七种工具就都可以省去不用了。

其煮器，若松间石上可坐，则具列废。用槁薪、鼎�[钅历]之属，则风炉、灰承、炭挝、火筴、交床等废。若瞰泉临洞,则水方、涤方、漉水囊废。若五人已下,茶可末而精者①,则罗合废。合:底本原脱,今据《说郛》本补入。若援藟跻岩②,引绠入洞③,于山口灸而末之,或纸包合贮,则碾、拂末等废。既瓢、碗、筴、札、熟盂、鹾簋悉以一筥盛之,则都篮废。

〔注释〕

①茶可末而精者:可以把茶磨制得比较精细。
②藟(lěi):藤。跻:攀登,达到。
③绠(gěng):大绳索。

〔译文〕

　　其中煮茶的器具,如果在松林山间,茶器可以放置在石头上,那么具列就可以省去不用了。如果用枯干柴火、鼎锅来烧水,那么风炉、灰承、炭挝、火筴、交床等器具都可以省去不用了。假如在山泉旁、溪水边煮茶,那么水方、涤方、漉水囊可以省去不用了。如果有五个以下的人喝茶,茶末可以碾得比较精细,那么罗合就可以省去不用了。如果攀藤登上山岩,拉着大绳索进入山洞,就要先在山口把茶烤好碾成细末,有的用纸包好,贮存在盒子里,那么碾、拂末可以省去不用了。如果瓢、碗、竹筴、札、熟盂、鹾簋都可以盛放在一个竹筥中,那么都篮也可以省去不用了。

　　但城邑之中,王公之门,二十四器阙一,则茶废矣。

〔**译文**〕

　　不过,在城市之中,王孙贵族之家,如果缺少二十四种器具中的一样,那么就不是真正意义上的饮茶了,饮茶之道就是残缺的。

十之图

〔题解〕

　　此章中主张用白绢把茶的起源、制茶工具、制茶方法、煮茶器具、饮茶方式、茶事的记载、茶产地以及茶器省略方法等,制成四幅或六幅图,悬挂在墙壁上。这样既便于人们熟知《茶经》的内容,感悟茶道之精神,也展现房屋主人的风雅。此外,陆羽期望人们悬挂其所著《茶经》,体现出他对该书所述内容的极度自信。唐代及以后,《茶经》正如他所期盼的那样,被制成图,悬挂在千万家。

　　以绢素或四幅或六幅①,分布写之,陈诸座隅②,则茶之源、之具、之造、之器、之煮、之饮、之事、之出、之略,目击而存。于是,《茶经》之始终备焉。

〔注释〕

　　①以绢素或四幅或六幅:用四幅或六幅白色丝绢。绢素,素色丝绢,

即白色丝绢。幅,按唐令规定,绸织物一幅为一尺八寸。《四库全书总目提要》:"其曰图者,乃谓统上九类,写以绢素张之,非别有图。其类十,其文实九也。"

②座隅(yú):座位的旁边。隅,角落,角。

[译文]

　　用四幅或六幅白色丝绢,将《茶经》内容全部抄写在上面,悬挂在座位旁边,这样茶的起源、采摘制作工具、制茶方法、煮茶器具、煮茶方法、饮茶方式、茶事的记载、茶产地以及茶具省略方法等内容,都可以随时看到而留存下去。如此,《茶经》的全部内容就真正完备了。